Matemáticas
diarias®

The University of Chicago School Mathematics Project

Vínculos con el estudio

Grado **4**

Wright Group

The McGraw·Hill Companies

The University of Chicago School Mathematics Project (UCSMP)

Max Bell, Director, UCSMP Elementary Materials Component; Director, *Everyday Mathematics* First Edition
James McBride, Director, *Everyday Mathematics* Second Edition
Andy Isaacs, Director, *Everyday Mathematics* Third Edition
Amy Dillard, Associate Director, *Everyday Mathematics* Third Edition

Authors

Max Bell, John Bretzlauf, Amy Dillard, Robert Hartfield, Andy Isaacs, James McBride, Kathleen Pitvorec, Peter Saecker, Robert Balfanz*, William Carroll*, Sheila Sconiers*

First Edition only

Technical Art	**Teachers in Residence**	**Editorial Assistant**
Diana Barrie	Carla L. LaRochelle	Laurie K. Thrasher
	Rebecca W. Maxcy	

Contributors

Martha Ayala, Virginia J. Bates, Randee Blair, Donna R. Clay, Vanessa Day, Jean Faszholz, James Flanders, Patti Haney, Margaret Phillips Holm, Nancy Kay Hubert, Sybil Johnson, Judith Kiehm, Deborah Arron Leslie, Laura Ann Luczak, Mary O'Boyle, William D. Pattison, Beverly Pilchman, Denise Porter, Judith Ann Robb, Mary Seymour, Laura A. Sunseri-Driscoll

Photo Credits

©Gregory Adams/Getty Images, cover, top right; ©Getty Images, cover, center, pp. iv, 41; ©Tony Hamblin; Frank Lane Picture Agency/Corbis, cover, cover, bottom left.

This material is based upon work supported by the National Science Foundation under Grant No. ESI-9252984. Any opinions, findings, conclusions, or recommendations expressed in this material are those of the authors and do not necessarily reflect the views of the National Science Foundation.

www.WrightGroup.com

Printed in the United States of America.

Send all inquiries to:
Wright Group/McGraw-Hill
P.O. Box 812960
Chicago, IL 60681

ISBN 978-0-07-610092-7
MHID 0-07-610092-8

3 4 5 6 7 8 9 HES 13 12 11

The *McGraw·Hill* Companies

Contenido

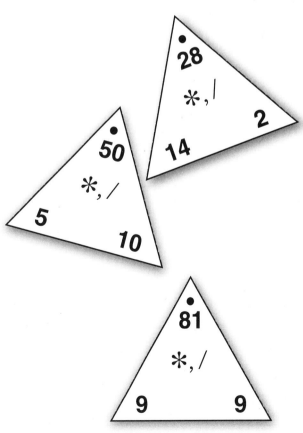

Unidad 1: Carta a la familia

Introducción a *Matemáticas diarias de cuarto grado*®

Bienvenido a *Matemáticas diarias de cuarto grado*. Este programa forma parte de un plan de estudios de matemáticas para la escuela elemental, desarrollado por el Proyecto de matemáticas escolares de la Universidad de Chicago.

Matemáticas diarias proporciona a los estudiantes una amplia base en matemáticas. Algunos métodos utilizados en este programa son diferentes de los que usted aprendió cuando estudiaba, pero para desarrollar este programa, los autores se basaron en los resultados de sus investigaciones y en sus experiencias, así como en la preparación matemática que los estudiantes necesitarán en este siglo.

Matemáticas diarias de cuarto grado se centra en el siguiente contenido:

Álgebra y los usos de las variables Leer, escribir y resolver oraciones numéricas

Algoritmos y procedimientos Explorar métodos de suma, resta, multiplicación y división; inventar procedimientos y algoritmos individuales; y experimentar diferentes procedimientos con la calculadora

Sistemas de coordenadas y otros marcos de referencia Usar números en marcos de referencia, los cuales incluyen rectas numéricas, coordenadas, tiempos, fechas, latitud y longitud

Explorar datos Recopilar, organizar, mostrar e interpretar datos numéricos

Funciones, patrones y secuencias Diseñar, explorar y utilizar patrones geométricos y numéricos

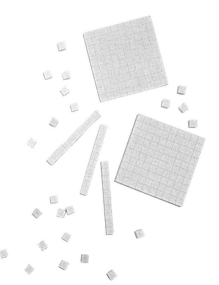

Geometría y relación espacial Desarrollar el sentido intuitivo acerca de objetos bidimensionales y tridimensionales, sus propiedades, usos y relaciones

Medidas y mediciones Explorar y utilizar medidas lineales, de área, volumen y peso en los sistemas métrico y tradicional de EE.UU., y explorar medidas geográficas

Números, numeración y relaciones de orden Leer, escribir y utilizar números enteros, fracciones, decimales, porcentajes y números negativos; explorar la notación científica

Operaciones, operaciones con números y sistemas de números Practicar y dominar la suma y la resta; desarrollar destrezas de multiplicación y división

Resolver problemas y hacer modelos matemáticos Investigar métodos para resolver problemas usando las matemáticas en la vida cotidiana

Identificar y construir figuras geométricas

Durante las próximas semanas, la clase estudiará la geometría de figuras bidimensionales. Los estudiantes examinarán las definiciones y propiedades de las figuras y las relaciones entre ellas; utilizarán un compás para trazar figuras y para crear sus propios diseños geométricos.

Por favor, guarde esta Carta a la familia como referencia mientras su hijo o hija trabaja en la Unidad 1.

Vocabulario

Términos importantes de la Unidad 1:

cuadrángulo (cuadrilátero) Un polígono con cuatro lados y cuatro ángulos.

extremo El punto al final de un segmento de recta o semirrecta.

paralelogramo Un cuadrilátero que tiene dos pares de lados paralelos. Los lados opuestos de un paralelogramo tienen el mismo largo y los ángulos opuestos tienen la misma medida.

polígono Figura bidimensional cerrada formada por tres o más segmentos de recta unidos de extremo a extremo para formar un sendero cerrado. Los segmentos de recta de un polígono no se cruzan.

polígono cóncavo (no convexo) Polígono en el que por lo menos un vértice está "empujado hacia adentro"

polígono cóncavo

polígono convexo Polígono en el que todos los vértices están "empujados hacia afuera".

polígono convexo

recta Informalmente, una línea recta que continúa indefinidamente en direcciones opuestas.

rombo Un cuadrilátero cuyos lados son de la misma longitud. Todos los rombos son paralelogramos. Todos los cuadrados son rombos, pero no todos los rombos son cuadrados.

segmento de recta Un sendero recto que conecta dos puntos. Estos puntos se denominan extremos del segmento.

semirrecta Trayectoria que se extiende infinitamente desde un punto, llamado su extremo.

trapecio En *Matemáticas diarias*, un cuadrilátero que tiene un único par de lados paralelos.

vértice El punto donde se unen las semirrectas de un ángulo, los lados de un polígono o las aristas de un poliedro.

VÍNCULO CON EL ESTUDIO 1·1 | **Carta a la familia,** *cont.*

Actividades para hacer en cualquier ocasión

Para trabajar con su hijo o hija sobre los conceptos aprendidos en esta unidad, hagan juntos estas interesantes y provechosas actividades:

1. Ayude a su hijo o hija a descubrir los usos cotidianos de la geometría, que se encuentran en el arte, la arquitectura, la joyería, los juguetes, etc.

2. ¿En cuántas palabras que tengan prefijos greco-latinos, tales como *tri-, cuad-, penta-, hexa- y octa-* puede pensar su hijo o hija?

3. Ayude a su hijo o hija a pensar en diferentes maneras de dibujar o hacer figuras sin usar un compás, un transportador o un reglón. Por ejemplo, pueden trazar el fondo de una lata para hacer un círculo, doblar un popote para hacer un triángulo o hacer diferentes figuras con palillos.

4. Anime a su hijo o hija a dibujar o a construir algo, como un puente de palillos, usando triángulos y cuadrados; o muéstrele fotos de puentes y señale los triángulos que se usan para sostenerlos.

Desarrollar destrezas por medio de juegos

En la Unidad 1 su hijo o hija jugará a los siguientes juegos:

Supera la suma Vea la página 263 del *Libro de consulta del estudiante.* Este juego ofrece práctica con las operaciones de suma.

Polígonos en pareja Vea la página 258 del *Libro de consulta del estudiante.* Este juego ofrece práctica para identificar las propiedades de los polígonos.

Retoños Vea la página 313 del *Libro de consulta del estudiante.* Este juego ofrece práctica con las gráficas con extremos de un vértice y con el desarrollo de estrategias para jugar.

Supera la resta Vea las páginas 263 y 264 del *Libro de consulta del estudiante.* Este juego es una variación de *Supera la suma* y ofrece a los estudiantes práctica con las operaciones de resta.

Szʹkwa Vea la página 310 del *Libro de consulta del estudiante.* Este juego ofrece práctica con los segmentos de recta que se cruzan y para desarrollar las estrategias para jugar.

3

Cuando ayude a su hijo o hija a hacer la tarea

Cuando su hijo o hija traiga tareas a casa, lean juntos y clarifiquen las instrucciones cuando sea necesario. Las siguientes respuestas le servirán de guía para usar los Vínculos con el estudio de esta unidad.

Vínculo con el estudio 1·2

2. a.   A   B

b. A   B

c. La recta tiene flechas en ambos extremos, pero el segmento de recta no.

3. a.   D   C

b. No, el extremo de una semirrecta va primero cuando se le da nombre a una semirrecta.

4. Una regla tiene marcas, por lo que se la puede usar para medir.

Vínculo con el estudio 1·3

Ejemplos de respuesta:

1.

2.

3. Los polígonos de los problemas 1 y 2 tienen 4 lados y por lo menos un par de lados paralelos. Los polígonos del problema 1 tienen 2 pares de lados iguales, paralelos, y todos sus ángulos son rectos.

4. a.   **b.** *E*   **c.** *FED*

5.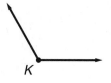

Vínculo con el estudio 1·4

1. Ejemplo de respuesta:

2. a. sí   **b.** sí   **c.** sí   **d.** no

3. Ejemplo de respuesta: **4.** cometa

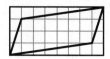

Vínculo con el estudio 1·5

1. rectángulo   **2.** triángulo equilátero

3. rombo

Vínculo con el estudio 1·6

1. A, B, C, E, F, G, I   **2.** B, C

3. C, E, F, I   **4.** A

5. A, B, D, F, G, H, I   **6.** D, G, H

7. 2

Vínculo con el estudio 1·8

1. Ejemplos de respuesta:

a. cuadrado   **c.** hexágono

2. Ejemplo de respuesta: Todos los lados tienen la misma longitud y todos los ángulos interiores tienen la misma medida.

VÍNCULO CON EL ESTUDIO
1·2

Segmentos de recta, rectas y semirrectas

1. Escribe por lo menos 5 cosas que haya en tu hogar que te hagan pensar en segmentos de recta.

_____

_____

_____

Usa un reglón para completar los problemas 2 y 3.

2. a. Traza y rotula la recta *AB*.

b. Traza y rotula el segmento de recta *AB*.

c. Explica en qué se diferencian tus dibujos de $\overleftrightarrow{AB}$ y $\overline{AB}$.

_____

_____

3. a. Traza y rotula la semirrecta *CD*.

b. Anita dice que $\overrightarrow{CD}$ también se puede llamar $\overrightarrow{DC}$. ¿Estás de acuerdo? Explica.

_____

_____

4. Explica en qué se diferencia una regla de un reglón.

_____

_____

Practica

5. $13 - 7 =$ _____

6. $15 - 8 =$ _____

7. _____ $= 90 - 50$

8. $140 - 60 =$ _____

9. _____ $= 57 - 39$

10. $115 - 86 =$ _____

5

VÍNCULO CON EL ESTUDIO 1·3

Ángulos y cuadrángulos

Usa un reglón para dibujar las figuras geométricas.

1. Dibuja 2 ejemplos de rectángulo.

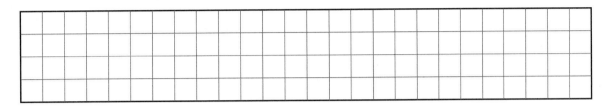

2. Dibuja 2 ejemplos de trapecio.

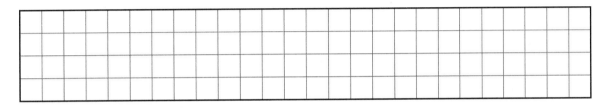

3. ¿En qué se parecen los polígonos de los problemas 1 y 2? ¿En qué se diferencian?

_____

_____

_____

4. a. Dibuja el ángulo recto *DEF*.

5. Dibuja un ángulo que sea mayor que un ángulo recto. Rotula al vértice *K*.

b. ¿Cuál es el vértice del ángulo? El punto _____

c. Da otro nombre para ∠*DEF*. ∠ _____

Practica

6. $9 + 8 =$ _____

7. $7 + 8 =$ _____

8. $30 + 80 =$ _____

9. _____ $= 50 + 40$

10. _____ $= 17 + 94$

11. $158 + 93 =$ _____

7

VÍNCULO CON EL ESTUDIO
1·4

Clasificar cuadrángulos

1. Un paralelogramo es un cuadrángulo (cuadrilátero) que tiene 2 pares de lados paralelos.

Dibuja un paralelogramo.

2. Responde *sí* o *no*. Explica tu respuesta.

a. ¿Un rectángulo es un paralelogramo? _____

_____

b. ¿Un cuadrado es un paralelogramo? _____

_____

c. ¿Un cuadrado es un rombo? _____

_____

d. ¿Un trapecio es un paralelogramo? _____

_____

3. Dibuja un cuadrángulo que tenga por lo menos 1 ángulo recto.

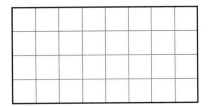

4. Dibuja un cuadrángulo con 2 pares de lados iguales que NO sea un paralelogramo.

Este cuadrángulo se llama _____.

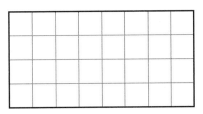

Practica

5. 12 − 6 = _____

6. 16 − 7 = _____

7. 210 − 150 = _____

8. _____ = 140 − 80

9. _____ = 93 − 58

10. 123 − 76 = _____

9

VÍNCULO CON EL ESTUDIO
1·5

Adivinanzas de polígonos

Contesta cada adivinanza. Luego, dibuja la figura en el espacio de la derecha con un reglón.

1. Soy un cuadrángulo.

Tengo 2 pares de lados paralelos.

Todos mis ángulos son rectos.

No soy un cuadrado.

¿Qué soy? _____

2. Soy un polígono.

Todos mis lados tienen la misma medida.

Todos mis ángulos tienen la misma medida.

Tengo 3 lados.

¿Qué soy? _____

3. Soy un polígono.

Soy un cuadrángulo.

Todos mis lados tienen la misma longitud.

Ninguno de mis ángulos es recto.

¿Qué soy? _____

Inténtalo

4. En el reverso de esta página escribe tu propia adivinanza de polígono. Da 4 pistas. 2 de las pistas deben ser difíciles y 2 deben ser fáciles. Comprueba que tu adivinanza sea correcta dibujando el polígono con un reglón. Pide a un amigo o a alguien en casa que resuelva tu adivinanza de polígono.

Practica

5. $8 + 9 =$ _____

6. $7 + 8 =$ _____

7. $90 + 70 =$ _____

8. _____ $= 60 + 50$

9. _____ $= 54 + 59$

10. $185 + 366 =$ _____

Propiedades de las figuras geométricas

A	**B**	**C**
D	**E**	**F**
G	**H**	**I**

Anota la letra o letras que correspondan a cada enunciado.

1. Éstos son polígonos. _____

2. Éstos son polígonos regulares. _____

3. Éstos son cuadrángulos. _____

4. Éstos son cóncavos. _____

5. Éstos NO son paralelogramos. _____

6. Éstos NO tienen ningún
ángulo recto ni ángulos
cuya medida sea mayor
a la de un ángulo recto. _____

Inténtalo

7. Toma un clip y dos lápices. Haz un compás casero. No puedes doblar ni romper
el clip. ¿Cuántos círculos de distinto tamaño puedes hacer con el compás? _____

Practica

8. 30 + 50 = _____

9. 40 + 60 = _____

10. 250 + 140 = _____

11. _____ = 80 − 20

12. _____ = 120 − 70

13. 460 − 230 = _____

13

VÍNCULO CON EL ESTUDIO
1·7

El radio de un círculo

1. Busca 3 objetos que tengan forma circular. En el espacio en blanco de abajo o en el reverso de esta página, traza sus contornos para obtener 3 círculos. Para cada círculo, haz lo siguiente:

a. Traza un punto para marcar el centro aproximado del círculo. Luego, haz un punto en el círculo.

b. Usa un reglón para conectar los puntos. Ese segmento de recta es el **radio** del círculo.

c. Usa una regla para medir el radio al centímetro más cercano. Si no tienes una regla en casa, recorta la que está al final de esta página.

d. Anota la medida del radio junto al círculo.

Ejemplo:

Practica

2. _____ = 80 + 20   **3.** _____ = 30 + 90   **4.** 580 + 370 = _____

5. 120 − 30 = _____   **6.** 160 − 70 = _____   **7.** 650 − 280 = _____

```
0   1   2   3   4   5   6   7   8   9   10  11  12  13  14  15
cm
```

15

VÍNCULO CON EL ESTUDIO
1·8

Polígonos inscritos

1. Usa un reglón para inscribir un polígono diferente en cada uno de los siguientes círculos. Escribe el nombre de cada polígono.

Ejemplo:

cometa

a. _____

b. _____

c. _____

d. _____

2. ¿Algunos de los polígonos que dibujaste son *polígonos regulares*? Explica cómo lo sabes.

_____

_____

_____

| **Practica** |

3. $41 + 27 =$ _____

4. _____ $= 263 + 59$

5. $461 + 398 =$ _____

6. _____ $= 72 - 36$

7. $158 - 71 =$ _____

8. $742 - 349 =$ _____

17

VÍNCULO CON EL ESTUDIO 1·9

Unidad 2: Carta a la familia

Usar números y organizar datos

Su hijo o hija está a punto de empezar el trabajo con números de este año. La clase examinará el significado de los números y cómo se usan en la vida cotidiana.

En el mundo moderno, los números siempre están a nuestro alrededor: en periódicos, en revistas y en la televisión. Los usamos

◆ para contar (*¿Cuántas personas hay en el cuarto?*)

◆ para medir (*¿Cuánto mides?*)

◆ como códigos (*¿Cuál es tu número de Seguridad Social?*)

◆ para buscar algo en un marco de referencia (*¿Qué hora es?*)

◆ para expresar tasas, escalas y porcentajes (*¿Cuántas millas por galón recorre tu auto? ¿Qué porcentaje votó por Jamie?*)

Algunas veces los estudiantes tendrán que interpretar conjuntos de números. La clase aprenderá a organizar conjuntos de números en tablas y gráficas y llegará a conclusiones acerca de ellos.

El cálculo es una parte importante de la resolución de problemas. Afortunadamente, ya no estamos limitados a los métodos de cálculo con papel y lápiz: podemos usar una calculadora o programas de computadora para resolver problemas largos o complicados. Su hijo o hija practicará métodos de cálculo mental y con papel y lápiz, cómo usar una calculadora y tendrá muchas oportunidades para decidir qué método es más apropiado para resolver un problema en particular.

A muchos de nosotros nos enseñaron que sólo hay una manera de resolver operaciones. Por ejemplo, tal vez aprendimos a restar "quitando". Quizás no nos dimos cuenta de que hay otras maneras de restar números. Aunque no se pretende que los estudiantes aprendan más de un método, examinarán varios métodos para que comprendan que, en ocasiones, hay varias maneras de lograr el mismo resultado. También tendrán la opción de aprender el método que les resulte más cómodo o incluso de inventar uno.

Usaremos juegos matemáticos a lo largo del ciclo escolar para practicar varias destrezas de aritmética. A través de los juegos, la práctica se puede disfrutar. Con los juegos de esta unidad, su hijo o hija practicará dar otros nombres a números mediante sumas y restas. Estos juegos requieren de muy poco material, por lo que puede jugar con su hijo o hija en su casa.

Por favor, guarde esta Carta a la familia como referencia mientras su hijo o hija trabaja en la Unidad 2.

Vocabulario

Términos importantes de la Unidad 2:

algoritmo Un conjunto de instrucciones dadas paso a paso para hacer algo, tal como calcular o resolver un problema.

base 10 Nuestro sistema numérico, en el cual cada lugar de un número tiene un valor 10 veces mayor al del lugar a su derecha y uno 10 veces menor ($\frac{1}{10}$) al del lugar a su izquierda.

caja de coleccionar nombres
Un diagrama que se usa para escribir los *nombres equivalentes* de un número. La caja de la derecha muestra los nombres para el número 8.

8
2 + 6
4 + 4
VIII
ocho

diagrama de puntos Un bosquejo de datos en el que se usan tildes, X u otras marcas sobre una recta rotulada para mostrar la frecuencia de cada valor.

Número de estudiantes

```
                    X
                    X     X
                    X     X
        X     X     X
        X     X     X           X
    ◄───┼─────┼─────┼─────┼─────┼───►
        0     1     2     3     4
```

Número de hermanos y hermanas

media La suma de un conjunto de números dividida entre la cantidad de números del conjunto. Frecuentemente se le dice *promedio*.

mediana El valor de en medio de un conjunto de datos dispuestos en orden de menor a mayor. Si la cantidad de datos es un número par, la mediana es la *media* de los dos valores centrales.

método de suma con sumas parciales Una manera de sumar en la que las sumas de cada lugar (unidades, decenas, centenas, etc.) se calculan por separado y después se suman para hallar la respuesta final.

$$\begin{array}{r} 496 \\ 229 \\ + \ 347 \\ \hline \end{array}$$

Suma las centenas:	$400 + 200 + 300 \rightarrow$	900
Suma las decenas:	$90 + 20 + 40 \rightarrow$	150
Suma las unidades:	$6 + 9 + 7 \rightarrow$	+ 22
Halla el total:	$900 + 150 + 22 \rightarrow$	1,072

moda El valor (o los valores) que aparece con más frecuencia en un conjunto de datos.

nombres equivalentes Diferentes nombres para el mismo número. Por ejemplo, $2 + 6$, $4 + 4$, $12 - 4$, $18 - 10$, $100 - 92$, $5 + 1 + 2$, ocho, VIII y $\cancel{||||}\ |||$ son nombres equivalentes de 8.

números enteros Los números 0, 1, 2, 3, 4, etc.

rango La diferencia entre el máximo y el mínimo en un conjunto de datos.

resta con diferencias parciales Una manera de restar donde las diferencias se computan por separado para cada lugar (unidades, decenas, centenas, etc.). Las diferencias parciales después se suman para dar la respuesta final.

$$\begin{array}{r} 932 \\ - \ 356 \\ \hline \end{array}$$

Resta las centenas:	$900 - 300 \rightarrow$	600
Resta las decenas:	$30 - 50 \rightarrow$	− 20
Resta las unidades:	$2 - 6 \rightarrow$	− 4
Halla el total:	$600 - 20 - 4 \rightarrow$	576

restar cambiando primero Un método para resolver problemas de resta en el cual todos los cambios se hacen antes de hacer cualquier resta.

suma en columnas Un método para sumar números, en el que los dígitos del sumando se suman primero en cada columna de valor posicional por separado, y después, hay un cambio de 10 por 1 hasta que cada columna tenga sólo un dígito. Se trazan líneas para separar las columnas de valor posicional.

	centenas	decenas	unidades
	2	4	8
+	1	8	7
Suma las columnas:	3	12	15
Ajusta las unidades y las decenas:	3	13	5
Ajusta las decenas y las centenas:	4	3	5

Actividades para hacer en cualquier ocasión

Para trabajar con su hijo o hija sobre los conceptos aprendidos en esta unidad, hagan juntos estas interesantes y provechosas actividades:

1. Pida a su hijo o hija que observe cuántos números él o ella puede identificar en los periódicos, revistas, anuncios o en las noticias.

2. Pida a su hijo o hija que coleccione y compare las medidas (estatura y peso) o los logros de su atleta favorito.

3. Busque los husos horarios de Estados Unidos y del mundo. Pregunte a su hijo o hija qué hora sería en determinado momento en un lugar en particular.

4. Pida a su hijo o hija que busque diferentes representaciones del mismo número. Por ejemplo, él o ella pueden ver la misma cantidad de dinero expresada de diferentes maneras, como 50¢, $0.50 ó 50 centavos.

Desarrollar destrezas por medio de juegos

En la Unidad 2, su hijo o hija jugará a los siguientes juegos. Vea el *Libro de consulta del estudiante* para obtener instrucciones más detalladas.

Supera la suma Vea el *Libro de consulta del estudiante*, página 263. El juego permite practicar las operaciones de suma.

A la pesca de dígitos Vea el *Libro de consulta del estudiante*, página 242. Este juego ofrece práctica para identificar dígitos y los valores de los dígitos y práctica de la suma y la resta.

Lanzar números altos Vea el *Libro de consulta del estudiante*, página 252. Este juego ofrece práctica en la lectura, la escritura y la comparación de números.

Dale nombre a ese número Vea el *Libro de consulta del estudiante*, página 254. Este juego refuerza las destrezas en el uso de las cuatro operaciones.

Polígonos en pareja Vea el *Libro de consulta del estudiante*, página 258. Este juego ofrece práctica en la identificación de las propiedades de los polígonos.

Práctica de tiro al blanco en la resta Vea el *Libro de consulta del estudiante*, página 262. Este juego ofrece práctica con la resta y la estimación.

Supera la resta Vea el *Libro de consulta del estudiante*, páginas 263 y 264. Este juego es una variación de *Supera la suma* y ofrece a su hijo o hija práctica con las operaciones de resta.

Cuando ayude a su hijo o hija a hacer la tarea

Cuando su hijo o hija traiga tareas a casa, lean juntos y clarifiquen las instrucciones cuando sea necesario.
Las siguientes respuestas le servirán de guía para usar los Vínculos con el estudio de esta unidad.

Vínculo con el estudio 2·2

1. Ejemplos de respuesta: 8×8; 32×2; $10 + 54$

2. Ejemplos de respuesta: 2×66; 11×12; $66 + 66$; $30 + 30 + 30 + 30 + 12$; $(50 \times 2) + 32$

3. Ejemplos de respuesta: $20 + 20$; $80 \div 2$; $\frac{1}{2} \times 80$

4. Ejemplos de respuesta: 9×4; $72 \div 2$; $(12 \times 4) - 12$

Vínculo con el estudio 2·3

1. 876,504,000   **2.** 23,170,080

3. 876,504,000

4. a. millar; 400,000

  b. millón; 80,000,000

  c. millón; 500,000,000

  d. millar; 30,000

5. b. 596,708   **d.** 1,045,620

6. b. 13,877,000   **d.** 150,691,688

Vínculo con el estudio 2·4

2. 581,970,000   **3.** 97,654,320

5. a. 487,000,063   **b.** 15,000,297

6. 97,308,080

Vínculo con el estudio 2·5

2. 27   **3.** 8   **4.** 2   **5.** 6   **6.** 5

Vínculo con el estudio 2·6

1.

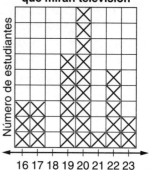

Datos de la clase sobre el tiempo que miran televisión

Número de estudiantes

16 17 18 19 20 21 22 23

Número de horas a la semana que miran televisión

2. a. 23   **b.** 16   **c.** 7   **d.** 20   **e.** 20

4. 19.7

Vínculo con el estudio 2·7

1. 152   **2.** 510   **3.** 613

4. 1,432   **5.** 2,520   **6.** 5,747

11. 136   **12.** 720   **13.** 225

14. 720   **15.** 1,573   **16.** 2,356

Vínculo con el estudio 2·8

1. a. 645   **b.** 19   **c.** 626   **d.** 151

2. jirafa, elefante asiático y rinoceronte

3. 90   **4.** perro   **5.** ratón

Vínculo con el estudio 2·9

1. 68   **11.** 29

2. 382   **12.** 57

3. 367   **13.** 406

4. 3,746   **14.** 224

5. 2,889   **15.** 4,479

6. 2,322   **16.** 2,538

VÍNCULO CON EL ESTUDIO
2·1

Números por todas partes

Busca ejemplos de números, de cualquier clase. Busca en periódicos y revistas, en libros, en paquetes de alimentos. Pide ejemplos a tus familiares.

Escribe los números abajo. Si un adulto dice que lo puedes hacer, recorta y pega los números en el reverso de esta página.

Asegúrate de escribir lo que significan los números.

Ejemplo: El monte Everest, la montaña más alta del mundo, mide 29,028 pies de altura.

_____

_____

_____

_____

_____

_____

_____

_____

_____

_____

_____

_____

_____

_____

_____

_____

_____

_____

_____

Practica

1. $5 \times 3 =$ _____   **2.** _____ $= 4 \times 3$ **3.** _____ $= 10 \div 2$ **4.** $8 \div 4 =$ _____

VÍNCULO CON EL ESTUDIO 2·2

Muchos nombres para los números

149

1. Escribe cinco nombres para el número 64.

64

2. Escribe cinco nombres para el número 132.

132

3. Imagina que la tecla del 4 de tu calculadora está rota. Escribe seis maneras de mostrar el número 40 en la calculadora sin usar la tecla del 4. Trata de usar diferentes números y operaciones.

Ejemplo: $2 \times 2 \times 10$

_____   _____   _____

_____   _____   _____

Inténtalo

4. Ahora imagina que funcionan todas las teclas de tu calculadora, excepto la tecla del 3 y la del 6. Escribe seis maneras de mostrar el número 36 sin usar estas teclas.

_____   _____   _____

_____   _____   _____

Practica

5. $20 + 60 =$ _____

6. _____ $= 60 + 90$

7. _____ $= 80 - 30$

8. $110 - 40 =$ _____

VÍNCULO CON EL ESTUDIO 2·3

Valor posicional de los números enteros

1. Escribe un número que tenga

6 en el lugar de las unidades de millón,
4 en el de las unidades de millar,
7 en el de las decenas de millón,
5 en el de las centenas de millar,
8 en el de las centenas de millón y
0 en los lugares restantes.

___ ___ _6_ , ___ ___ ___ , ___ ___ ___

2. Escribe un número que tenga

7 en el lugar de las decenas de millar,
3 en el de las unidades de millón,
1 en el de las centenas de millar,
8 en el de las decenas,
2 en el de las decenas de millón y
0 en los lugares restantes.

___ ___ , ___ ___ ___ , ___ ___ ___

3. Compara los dos números que escribiste en los problemas 1 y 2.

¿Cuál es mayor? _____

4. El 6 en 46,711,304 significa 6 _*millones*_ , o sea, _6,000,000_ .

   a. El 4 en 508,433,529 significa 400 _____ , o sea, _____ .

   b. El 8 en 182,945,777 significa 80 _____ , o sea, _____ .

   c. El 5 en 509,822,119 significa 500 _____ , o sea, _____ .

   d. El 3 en 450,037,111 significa 30 _____ , o sea, _____ .

Inténtalo

5. Escribe el número que sea cien mil más.

   a. 210,366 _*310,366*_   **b.** 496,708 _____

   c. 321,589 _____   **d.** 945,620 _____

6. Escribe el número que representa un millón más.

   a. 3,499,702 _*4,499,702*_   **b.** 12,877,000 _____

   c. 29,457,300 _____   **d.** 149,691,688 _____

Practica

7. 32, 45, 58, _____, _____, _____

   Regla: _____

8. _____, _____, _____, 89, 115, 141

   Regla: _____

VÍNCULO CON EL ESTUDIO
2·4

Valor posicional en los números enteros

1. Escribe los números en orden de menor a mayor.

15,964   1,509,460   150,094,400
1,400,960   15,094,600

_____

_____

_____

_____

_____

2. Escribe el número que tenga

5 en el lugar de las centenas de millón,
7 en el de las decenas de millar,
1 en el de los millones,
9 en el de las centenas de millar,
8 en el de las decenas de millón y
0 en los lugares restantes.

__ __ __ , __ __ __ , __ __ __

3. Escribe el número más grande que puedas. Usa cada dígito sólo una vez.

3   5   0   7   9   2   6   4   _____

4. Escribe el valor del dígito 8 en cada uno de los siguientes números.

a. 80,007,941 _____

b. 835,099,714 _____

c. 8,714,366 _____

d. 860,490 _____

5. Escribe cada número usando dígitos.

a. Cuatrocientos ochenta y siete millones, sesenta y tres _____

b. Quince millones, doscientos noventa y siete _____

Inténtalo

6. Soy un número de 8 dígitos.
- El dígito en el lugar de los millares es el resultado de dividir 64 entre 8.
- El dígito en el lugar de los millones es el resultado de dividir 63 entre 9.
- El dígito en el lugar de las decenas de millón es el resultado de dividir 54 entre 6.
- El dígito en el lugar de las decenas es el resultado de dividir 40 entre 5.
- El dígito en el lugar de las centenas de millar es el resultado de dividir 33 entre 11.
- El resto de los dígitos son el resultado de restar cualquier número a sí mismo.

¿Qué número soy? __ __ , __ __ __ , __ __ __

Recopilar datos

1. Haz una lista de todas las personas de tu familia. Incluye a todas las personas que viven ahora en tu casa y a los hermanos o hermanas que viven en otro lugar. Las personas que viven en tu casa no tienen que tener parentesco contigo. No olvides escribir tu nombre en la lista.

Vas a necesitar esta información para estudiar el tamaño de las familias de tus compañeros de clase.

_____   _____   _____

_____   _____   _____

_____   _____   _____

¿Cuántas personas hay en tu familia? _____ personas

La tabla de conteo de la derecha muestra el número de libros que algunos estudiantes leyeron durante el verano. Usa la información para responder las siguientes preguntas.

Número de libros que reportaron	Número de estudiantes
2	///
3	##//
4	
5	####/ //
6	####/ /
7	//
8	////

2. ¿Cuántos estudiantes reportaron el número de libros que leyeron? _____

3. ¿Cuál es el **máximo** (el número mayor de libros que reportaron)? _____

4. ¿Cuál es el **mínimo** (el número menor de libros que reportaron)? _____

5. ¿Cuál es el **rango**? _____

6. ¿Cuál es la **moda** (el número más frecuente de libros que reportaron)? _____

Practica

7. $30 + 50 =$ _____

8. _____ $= 70 + 70 + 70$

9. _____ $= 90 + 80 + 60$

10. $100 + 40 + 70 =$ _____

Diagramas de puntos

Los estudiantes de la clase de Sylvia estimaron el tiempo que pasan mirando televisión cada semana. La tabla de conteo muestra los datos que recopilaron.

1. Construye un diagrama de puntos para los datos.

Datos de la clase sobre el tiempo que miran televisión

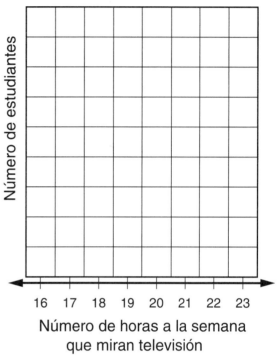

Número de horas por semana que miran la TV	Número de estudiantes
16	///
17	///
18	
19	~~////~~ /
20	~~////~~ ////
21	/
22	~~////~~
23	//

Número de horas a la semana que miran televisión

2. Busca los siguientes hitos para los datos:

a. El número máximo de horas que miraron televisión cada semana. _____ horas

b. mínimo _____ horas   **c.** rango _____ horas

d. moda _____ horas   **e.** mediana _____ horas

3. Estima el tiempo que pasas mirando televisión cada semana. _____ horas

---

Inténtalo

4. Calcula el número medio de horas que Sylvia y sus compañeros miraron

televisión por semana. _____ horas

Practica

5. 80 + 30 = _____   **6.** _____ = 90 + 90

7. _____ = 70 + 60   **8.** 120 + 30 = _____

33

VÍNCULO CON EL ESTUDIO
2•7

Suma de números de varios dígitos

Haz un cálculo aproximado. Usa el **método de sumas parciales** para sumar. Compara tu respuesta con el cálculo aproximado para ver si tu respuesta tiene sentido.

1. $\begin{array}{r} 67 \\ + \ 85 \\ \hline \end{array}$ Cálculo aproximado: _____	**2.** $\begin{array}{r} 439 \\ + \ 71 \\ \hline \end{array}$ Cálculo aproximado: _____	**3.** $\begin{array}{r} 227 \\ + \ 386 \\ \hline \end{array}$ Cálculo aproximado: _____
4. $\begin{array}{r} 493 \\ + \ 939 \\ \hline \end{array}$ Cálculo aproximado: _____	**5.** $\begin{array}{r} 732 \\ + \ 1,788 \\ \hline \end{array}$ Cálculo aproximado: _____	**6.** $\begin{array}{r} 4,239 \\ + \ 1,508 \\ \hline \end{array}$ Cálculo aproximado: _____

Practica

7. $8 \times 7 =$ _____ **8.** $9 \times 9 =$ _____ **9.** _____ $\div 6 = 9$ **10.** _____ $\div 4 = 8$

VÍNCULO CON EL ESTUDIO
2·7

Suma de números de varios dígitos, *cont.*

Haz un cálculo aproximado. Usa el **método de sumas en columnas** para sumar.
Compara tu respuesta con el cálculo aproximado para ver si tu respuesta tiene sentido.

11.
$$\begin{array}{r} 89 \\ + 47 \\ \hline \end{array}$$

Cálculo aproximado:

_____

12.
$$\begin{array}{r} 634 \\ + 86 \\ \hline \end{array}$$

Cálculo aproximado:

_____

13.
$$\begin{array}{r} 148 \\ + 77 \\ \hline \end{array}$$

Cálculo aproximado:

_____

14.
$$\begin{array}{r} 481 \\ + 239 \\ \hline \end{array}$$

Cálculo aproximado:

_____

15.
$$\begin{array}{r} 746 \\ + 827 \\ \hline \end{array}$$

Cálculo aproximado:

_____

16.
$$\begin{array}{r} 508 \\ + 1,848 \\ \hline \end{array}$$

Cálculo aproximado:

_____

Practica

17. 16, 21, 26, _____, _____, _____   Regla: _____

18. _____, 52, _____, 104, 130, _____   Regla: _____

VÍNCULO CON EL ESTUDIO
2·8

Período de gestación

El tiempo que pasa entre el momento en que un animal se embaraza y el día en que nace la cría se llama **período de gestación.** La siguiente tabla muestra el número promedio de días de gestación de algunos animales.

1. Para los períodos de gestación promedio indicados en la tabla,

   a. ¿cuál es el número máximo de días?

   _____ días

   b. ¿cuál es el número mínimo de días?

   _____ días

   c. ¿cuál es el rango (la diferencia entre el máximo y el mínimo)?

   _____ días

   d. ¿cuál es la mediana (número de en medio de días)?

   _____ días

Período de gestación promedio (en días)	
Animal	**Número de días**
perro	61
jirafa	457
cabra	151
ser humano	266
elefante asiático	645
ratón	19
ardilla	44
rinoceronte	480
conejo	31

Fuente: World Almanac

2. ¿Qué animales tienen un período de gestación promedio más largo que 1 año?

_____

3. ¿Cuánto más largo es el período de gestación promedio de una cabra

que el de un perro? _____ días

4. ¿Qué animal tiene un período de gestación promedio de aproximadamente el doble que

el de un conejo? _____

5. ¿Qué animal tiene un período de gestación promedio aproximadamente igual a la mitad

del de una ardilla? _____

Practica

6. $56 + 33 =$ _____

7. _____ $= 167 + 96$

8. _____ $- 78 = 33$

9. $271 - 89 =$

Nombre   Fecha   Hora

VÍNCULO CON EL ESTUDIO
2·9

Resta de números de varios dígitos

Haz un cálculo aproximado. Usa el **método de restar cambiando primero.** Compara tu respuesta con el cálculo aproximado para ver si tu respuesta tiene sentido.

1.
```
   96
 − 28
```
Cálculo aproximado:

_____

2.
```
  469
 − 87
```
Cálculo aproximado:

_____

3.
```
  732
 − 365
```
Cálculo aproximado:

_____

4.
```
 4,321
 − 575
```
Cálculo aproximado:

_____

5.
```
 5,613
 − 2,724
```
Cálculo aproximado:

_____

6.
```
 6,600
 − 4,278
```
Cálculo aproximado:

_____

Practica

7. 8 × _____ = 64   **8.** 9 × _____ = 72   **9.** 56 = _____ × 8   **10.** 42 = _____ × 7

VÍNCULO CON EL ESTUDIO
2·9

Resta de números de varios dígitos, *cont.*

Haz un cálculo aproximado. Usa el **método de diferencias parciales** para restar.
Compara tu respuesta con el cálculo aproximado para ver si tu respuesta tiene sentido.

11. $\begin{array}{r} 84 \\ -\ 55 \\ \hline \end{array}$	**12.** $\begin{array}{r} 136 \\ -\ 79 \\ \hline \end{array}$	**13.** $\begin{array}{r} 573 \\ -\ 167 \\ \hline \end{array}$
Cálculo aproximado: _____	Cálculo aproximado: _____	Cálculo aproximado: _____
14. $\begin{array}{r} 506 \\ -\ 282 \\ \hline \end{array}$	**15.** $\begin{array}{r} 5,673 \\ -\ 1,194 \\ \hline \end{array}$	**16.** $\begin{array}{r} 3,601 \\ -\ 1,063 \\ \hline \end{array}$
Cálculo aproximado: _____	Cálculo aproximado: _____	Cálculo aproximado: _____

Practica

17. _____, _____, 55, 44, _____, 22   Regla: _____

18. _____, _____, _____, _____, 72, 81   Regla: _____

VÍNCULO CON EL ESTUDIO
2·10

Unidad 3: Carta a la familia

Multiplicación y división; oraciones numéricas y álgebra

Una de nuestras metas para las próximas semanas es que los estudiantes terminen de memorizar la multiplicación de números de un solo dígito. Para ayudar a que los estudiantes dominen esas operaciones, jugarán a varios juegos matemáticos. Pida a su hijo o hija que le enseñe uno de los juegos que se describen en su *Libro de consulta del estudiante*, y jueguen juntos algunas partidas.

La clase también tomará una serie de exámenes de 50 operaciones de multiplicación. Como las respuestas correctas se cuentan únicamente hasta el primer error (y ya no se cuentan después), al principio su hijo o hija probablemente obtenga una calificación baja. No se alarme; las calificaciones van a mejorar considerablemente dentro de poco tiempo. Puede ayudar a su hijo o hija a fijarse una meta realista para el próximo examen y conversar con él o ella sobre lo que tiene que hacer para llegar a esa meta.

Su hijo o hija usará los Triángulos de multiplicación/división para repasar la relación entre ambas operaciones. (Por ejemplo, $4 \times 5 = 20$, por lo tanto, $20 \div 5 = 4$ y $20 \div 4 = 5$.) Puede usar los triángulos para hacer preguntas a su hijo o hija sobre las operaciones básicas y para examinar su progreso.

En esta unidad, se introducen símbolos alternativos para la multiplicación y la división. Se puede utilizar un asterisco ($*$) en lugar del símbolo tradicional $\times$, como en $4 * 5 = 20$. Se puede utilizar una barra oblicua (/) en lugar del símbolo tradicional $\div$, como en $20/4 = 5$.

En la Unidad 3, la clase continuará con el Tour mundial, un proyecto que en el curso del año llevará a los estudiantes a diferentes países. Su primer vuelo los llevará a El Cairo, Egipto. Estos viajes sirven como telón de fondo para muchas actividades interesantes en las cuales los estudiantes buscan información numérica, la analizan y resuelven problemas.

Finalmente, la clase tendrá su primera introducción formal a las ecuaciones de álgebra. (Desde el primer grado hemos hecho actividades informales con números que faltan en historias de números.) Esto le puede sorprender, ya que tenemos la tendencia a pensar que el álgebra es una asignatura que se toma en la secundaria. Sin embargo, este comienzo temprano del estudio del álgebra concuerda con la filosofía del programa de *Matemáticas diarias*.

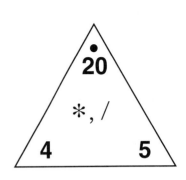

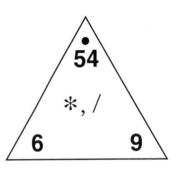

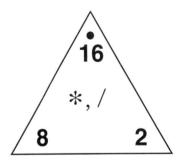

Por favor, guarde esta Carta a la familia como referencia mientras su hijo o hija trabaja en la Unidad 3.

Vocabulario

Términos importantes de la Unidad 3:

cociente El resultado de dividir un número entre otro número. Por ejemplo, en $35 \div 5 = 7$, el cociente es 7.

dividendo En la división, es el número que se divide. Por ejemplo, en $35 \div 5 = 7$, el dividendo es 35.

divisor En la división, es el número que divide otro número. Por ejemplo, en $35 \div 5 = 7$, el divisor es 5.

factor Uno de dos o más números que se multiplican para hallar un producto. Por ejemplo, $4 * 1.5 = 6$; entonces, 6 es el producto y 4 y 1.5 son los factores. Vea también *factor de un número cardinal* n.

factor de un número cardinal *n* Un número cardinal cuyo producto con otro número cardinal es igual a *n*. Por ejemplo, 2 y 3 son factores de 6 porque $2 * 3 = 6$. Pero 4 no es factor de 6 porque $4 * 1.5 = 6$ y 1.5 no es un número cardinal.

familia de operaciones Operaciones aritméticas que conectan dos operaciones inversas. Por ejemplo, $4 + 8 = 12$, $8 + 4 = 12$, $12 - 4 = 8$ y $12 - 8 = 4$ es una familia de operaciones de suma y resta, y $4 * 8 = 32$, $8 * 4 = 32$, $32/4 = 8$ y $32/8 = 4$ es una familia de operaciones de multiplicación y división.

múltiplo de un número *n* El producto de *n* y un número cardinal. Por ejemplo, los múltiplos de 7 son 7, 14, 21, 28, etc.

número cuadrado Un número que es el producto de un número cardinal multiplicado por sí mismo. Por ejemplo, 25 es un número cuadrado porque $25 = 5 * 5$. Los números cuadrados son 1, 4, 9, 16, 25, etc.

oración abierta Una *oración numérica* en la que una o más *variables* ocupan el lugar de los números que faltan. Por ejemplo, $5 + x = 13$ es una oración abierta.

oración numérica Una oración compuesta por dos números o expresiones separadas por un símbolo de relación ($=, >, <, \geq, \leq$ ó $\neq$). La mayor parte de las oraciones numéricas tienen por los menos un símbolo de operación ($+, -, \times, *, \cdot, \div, /$). Las oraciones numéricas también pueden tener símbolos de agrupación, como los paréntesis.

porcentaje (%) Por ciento o de cada cien. Por ejemplo, "el 48% de los estudiantes en la escuela son varones" significa que, en promedio, 48 de cada 100 estudiantes en la escuela son varones; $48\% = 48/100 = 0.48$

Problema de "¿Cuál es mi regla?" Un tipo de problema donde tratas de descubrir una regla para relacionar dos conjuntos de números. También, un tipo de problema donde tratas de descubrir uno de los conjuntos de números cuando te dan una regla y el otro conjunto de números.

Regla	entra	sale
×8	6	48
	10	80
	3	
		56
		64

producto El resultado de multiplicar dos números que se llaman *factores*. Por ejemplo, en $4 * 3 = 12$, el producto es 12.

Triángulo de operaciones Una tarjeta visual triangular, rotulada con los números de una *familia de operaciones*, que los estudiantes pueden usar para practicar operaciones de suma/resta o multiplicación/división.

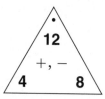

variable Una letra u otro símbolo que representa un número. Una variable puede representar un número específico. Por ejemplo, en la oración numérica $5 + n = 9$, sólo *n* hace que la oración sea verdadera. Una variable también puede representar muchos números diferentes. Por ejemplo, $x + 2 < 10$ es verdadera si *x* es cualquier número menor que 8; y en la ecuación $a + 3 = 3 + a$, *a* representa todos los números.

Actividades para hacer en cualquier ocasión

Para trabajar con su hijo o hija sobre los conceptos aprendidos en esta unidad, hagan juntos estas interesantes y provechosas actividades:

1. Continúe trabajando en las operaciones de multiplicación y división usando Triángulos y familias de operaciones y jugando a los juegos que se describen en el *Libro de consulta del estudiante*.

2. A medida que la clase avance en la unidad, dé a su hijo o hija problemas de suma y de resta de varios dígitos que estén relacionados con las lecciones, como 348 + 29, 427 + 234, 72 − 35 y 815 − 377.

3. Ayude a su hijo o hija a reconocer e identificar ejemplos de ángulos rectos en los objetos de la vida cotidiana, como la esquina de un libro, y ejemplos de líneas paralelas, tales como las vías del ferrocarril.

Desarrollar destrezas por medio de juegos

En la Unidad 3, su hijo o hija jugará a los siguientes juegos:

Béisbol de multiplicaciones Vea el *Libro de consulta del estudiante*, páginas 231 y 232.

Dos jugadores necesitan 4 dados, 4 *pennies* y una calculadora para jugar a este juego. Las metas de *Béisbol de multiplicaciones* son practicar las operaciones de multiplicación del 1–12 y afianzar las destrezas de matemática mental.

Gánale a la calculadora Vea el *Libro de consulta del estudiante*, página 233.

En este juego participan 3 jugadores y se necesitan una calculadora y una baraja de tarjetas numeradas con 4 de cada uno de los números del 1 al 10. Jugar a *Gánale a la calculadora* ayudará a su hijo o hija a repasar las operaciones básicas de multiplicación.

Matrices de división Vea el *Libro de consulta del estudiante*, página 240.

Los materiales para este juego incluyen tarjetas de números, 1 para cada número del 6 al 18; un dado común (de 6 lados); 18 fichas y papel y lápiz. En este juego, en el que participan de 2 a 4 jugadores, se refuerza la idea de dividir objetos en grupos iguales.

Supera la multiplicación Vea el *Libro de consulta del estudiante*, página 264.

Este juego se puede jugar con 2 a 4 jugadores y requiere de una baraja con 4 de cada uno de los números del 1 al 10. Este juego ayudará a su hijo o hija a repasar las operaciones básicas de multiplicación.

Dale nombre a ese número Vea el *Libro de consulta del estudiante*, página 254.

Se juega de a 2 ó 3 jugadores y requiere una baraja completa de tarjetas de números y papel y lápiz. Su hijo o hija tratará de dar nombre a un número objetivo sumando, restando, multiplicando y dividiendo los números en la mayor cantidad de tarjetas de números posible.

Unidad 3: Carta a la familia, *cont.*

Cuando ayude a su hijo o hija a hacer la tarea

Cuando su hijo o hija traiga tareas a casa, lean juntos y clarifiquen las instrucciones cuando sea necesario. Las siguientes respuestas le servirán de guía para usar algunos de los Vínculos con el estudio de esta unidad.

Vínculo con el estudio 3·1

1. 60, 230, 110, 280, 370

2. 110, 80, 310, 240, 390

3. 34, 675, 54; +46   **4.** 9, 50, 420; ×7

5. 2, 400, 2,000   **6.** Las respuestas variarán.

7. 115   **8.** 612   **9.** 1,440

Vínculo con el estudio 3·2

2. 1, 2, 3, 4, 6, 9, 12, 18, 36   **3.** 1, 16; 2, 8; 4, 4

4. 56   **5.** Ejemplos de respuesta: 4, 8, 12, 16

6. 53   **7.** 388   **8.** 765

Vínculo con el estudio 3·3

1. 24   **2.** 54   **3.** 28   **4.** 16

5. 45   **6.** 18   **7.** 40   **8.** 25

9. 48   **11.** 1, 2, 3, 6, 9, 18

Vínculo con el estudio 3·4

1. 6   **2.** 8   **3.** 6   **4.** 3

6. 20; 5   **7.** 18; 6   **8.** 49; 7   **9.** 9; 2

10. 7; 5   **11.** 7; 4

12. Ejemplo de respuesta: 10, 15, 20, 25

13. 1, 2, 3, 4, 6, 8, 12, 24

Vínculo con el estudio 3·5

1. 5   **2.** 7   **3.** 72   **4.** 10

5. 32   **15.** 1,646   **16.** 5,033

17. 289   **18.** 1,288

Vínculo con el estudio 3·6

3. a. T

4. Alrededor de 128,921 millas;
128,000 − 3,079 = 128,921

5. a. 4

6. 1, 2, 3, 4, 6, 12

7. Ejemplos de respuesta: 16, 24, 32, 40

Vínculo con el estudio 3·7

	Ciudades	Medidas en el mapa (pulgadas)	Distancias reales (millas)
1.	Ciudad del Cabo y Durban	4 pulgadas	800
2.	Durban y Pretoria	$1\frac{3}{4}$ pulgadas	350
3.	Ciudad del Cabo y Johannesburgo	4 pulgadas	800
4.	Johannesburgo y Queenstown	2 pulgadas	400
5.	East London y Upington	$2\frac{1}{2}$ pulgadas	500
6.	_____ y _____	Las respuestas variarán.	

Vínculo con el estudio 3·8

1. 659 − 457 = 202; 202

2. 1,545 + 2,489 = 4,034; 4034

3. 700 − 227 = 473; 473

4. 1,552 − 1,018 = 534; 534

5. 624 + 470 + 336 = 1,430; 1,430   **6.** 9

7. 6, 12, 18, 24, 30, 36, 42, 48, 54, 60

Vínculo con el estudio 3·9

1. F   **2.** F   **3.** V   **4.** V

5. F   **6.** V   **7.** V   **8.** ?

11. b. 7 * 8 = 56   **12.** 36, 60, 84; +12

13. 54, 216, 324; +54

Vínculo con el estudio 3·10

1. 27   **2.** 33   **3.** 1   **4.** 24

5. 37   **6.** 8   **7.** 3 * (6 + 4) = 30

8. 15 = (20/4) + 10   **9.** 7 + (7 * 3) = 4 * 7

10. 9 * 6 = (20 + 7) * 2

11. 72 ÷ 9 = (2 * 3) + (18 ÷ 9)

12. 35 ÷ (42 ÷ 6) = (10 − 6) + 1   **13.** ?

14. ?   **15.** F   **16.** V   **17.** F   **18.** V

"¿Cuál es mi regla?"

Completa las tablas de "¿Cuál es mi regla?" y escribe las reglas.

1. entra

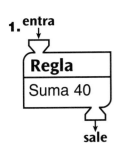

Regla
Suma 40

sale

entra	sale
20	
190	
70	
240	
330	

2. entra

Regla
−60

sale

entra	sale
	50
	20
	250
	180
	330

3. Regla: _____

entra	sale
131	177
	80
104	150
629	
	100

4. Regla: _____

entra	sale
70	490
	63
	350
20	140
60	

Inténtalo

5. Regla: Hay 20 *nickels* en $1.00

dólares	*nickels*
3	60
	40
5	100
20	
100	

6. Haz tu propio problema.

Regla: _____

entra	sale

Practica

7. _____ = 47 + 68

8. 359 + 253 = _____

9. 787 + 653 = _____

VÍNCULO CON EL ESTUDIO 3·2

Operaciones básicas de multiplicación

1. Completa la Tabla de operaciones básicas de multiplicación y división.

*,/	1	2	3	4	5	6	7	8	9	10
1						6				
2										
3	3		9							
4		8								
5										
6										
7		14								
8										
9										
10										

2. Haz una lista de los *factores* de 36. _____

3. Haz una lista de los *pares de factores* de 16. _____ y _____, _____ y _____, _____ y _____

4. Nombra el *producto* de 8 y 7. _____

5. Nombra los *múltiplos* de 4. _____, _____, _____, _____

Practica

6. _____ = 91 − 38   **7.** _____ = 630 − 242   **8.** 1,462 − 697 = _____

47

VÍNCULO CON EL ESTUDIO
3·3

Triángulos de operaciones

Completa estos Triángulos de operaciones de multiplicación y división.

1.

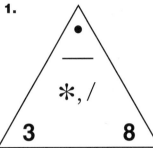

2.

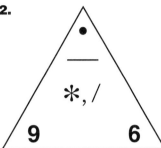

3.

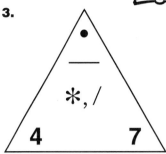

4.

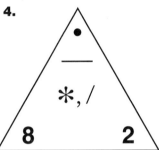

5.

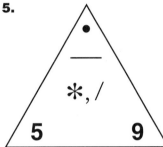

6.

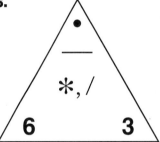

7.

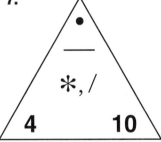

8.

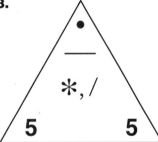

9.

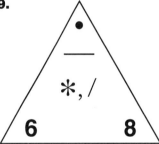

Practica

10. Nombra 4 múltiplos de 7. _____, _____, _____, _____

11. Haz una lista de todos los factores de 18. _____

12. Nombra el producto de 9 y 6. _____

13. Haz una lista de todos los pares de factores de 20.

_____ y _____, _____ y _____, _____ y _____

49

Nombre _____ Fecha _____ Hora _____

Números misteriosos

Halla los números misteriosos.

1. Estoy pensando en un número misterioso. Si lo multiplico por 4, la respuesta es 24. ¿Cuál es el número? _____

2. Estoy pensando en otro número. Si lo multiplico por 3, la respuesta es 24. ¿Cuál es el número? _____

3. Multipliqué un número por sí mismo y me dio 36. ¿Qué número multipliqué? _____

4. Si multiplico 7 por un número, me da 21. ¿Qué número es? _____

5. Escribe tu propio problema de número misterioso.

_____

_____

Escribe los números que faltan.

6. $4 * 5 =$ _____   _____ $* 4 = 20$

7. _____ $= 6 * 3$ $18 =$ _____ $* 3$

8. $7 * 7 =$ _____   _____ $* 7 = 49$

9. _____ $* 2 = 18$ $18 =$ _____ $* 9$

10. $35 =$ _____ $* 5$ _____ $* 7 = 35$

11. $28 =$ _____ $* 4$ _____ $* 7 = 28$

12. Nombra 4 múltiplos de 5. _____, _____, _____, _____

13. Haz una lista de todos los factores de 24. _____

51

VÍNCULO CON EL ESTUDIO
3·5

Números que faltan

Completa cada operación con los números que faltan.
Utiliza la Tabla de operaciones de multiplicación/división como ayuda.

1. 30 / 6 = _____

2. 21 / _____ = 3

3. 9 = _____ ÷ 8

4. 100 / _____ = 10

5. _____ / 4 = 8

6. 25 ÷ _____ = _____

7. _____ = 42 / _____

8. 8 / _____ = _____

9. 4 = _____ / _____

10. _____ ÷ _____ = 1

11. _____ / 2 = _____

12. 10 * _____ = _____

Inténtalo

13. 5 * _____ * _____ = 30

14. 54 = _____ * _____ * _____

*,/	1	2	3	4	5	6	7	8	9	10
1	1	2	3	4	5	6	7	8	9	10
2	2	4	6	8	10	12	14	16	18	20
3	3	6	9	12	15	18	21	24	27	30
4	4	8	12	16	20	24	28	32	36	40
5	5	10	15	20	25	30	35	40	45	50
6	6	12	18	24	30	36	42	48	54	60
7	7	14	21	28	35	42	49	56	63	70
8	8	16	24	32	40	48	56	64	72	80
9	9	18	27	36	45	54	63	72	81	90
10	10	20	30	40	50	60	70	80	90	100

Practica

15. _____ = 989 + 657

16. 314 + 4,719 = _____

17. 887 − 598 = _____

18. _____ = 2,004 − 716

53

VÍNCULO CON EL ESTUDIO 3·6 | **Historias de números de Egipto**

1. El Nilo, ubicado en África, tiene alrededor de 4,160 millas de largo. El río Huang, en Asia, es alrededor de 800 millas más corto que el Nilo. ¿Qué longitud tiene el río Huang?

   Modelo numérico: _____ Alrededor de _____ millas

2. El canal de Suez une el Mediterráneo con el Mar Rojo. Tiene 103 millas de largo y lo abrieron en 1869. ¿Por cuántos años ha estado abierto el canal de Suez?

   Modelo numérico: _____ _____ años

3. En Egipto, hay alrededor de 3,079 millas de vías de ferrocarril. En Estados Unidos, hay alrededor de 132,000 millas de vías de ferrocarril. ¿Cuántas millas menos de vías de ferrocarril hay en Egipto que en Estados Unidos?

   Modelo numérico: _____ Alrededor de _____ millas

4. La población de El Cairo, capital de Egipto, es de alrededor de 10,834,000. La población de Washington, D.C., es de alrededor de 563,000.

   a. Verdadero o falso: En El Cairo viven aproximadamente $10\frac{1}{2}$ millones de personas más que en Washington, D.C. _____

   b. Explica cómo resolviste el problema.

   _____

   _____

Inténtalo

5. El área de Egipto es de alrededor de 386,700 millas cuadradas. El área de Wyoming es de alrededor de 97,818 millas cuadradas.

   a. ¿Alrededor de cuántas veces más grande es Egipto que Wyoming? _____

   b. Explica cómo resolviste el problema.

   _____

   _____

Practica

6. Haz una lista de todos los factores de 12. _____

7. Nombra 4 múltiplos de 8.   _____ , _____ , _____ , _____

VÍNCULO CON EL ESTUDIO 3·7

La escala de un mapa

Aquí hay un mapa de Sudáfrica. Utiliza una regla para medir la distancia más corta entre ciudades. Mide al $\frac{1}{4}$ de pulgada más cercano. Utiliza la escala del mapa para convertir estas medidas a distancias reales.

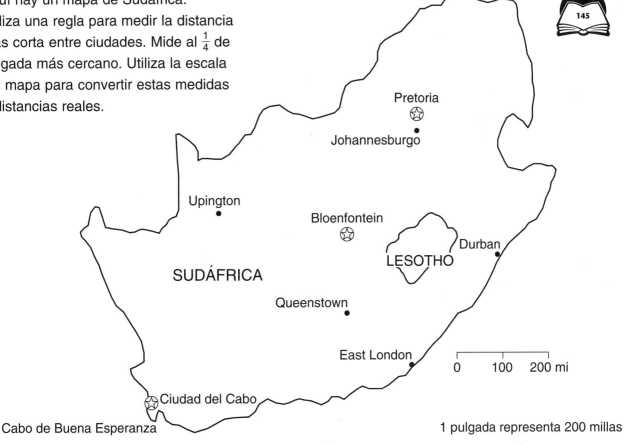

1 pulgada representa 200 millas

	Ciudades	Medidas en el mapa (pulgadas)	Distancia real (millas)
1.	Ciudad del Cabo y Durban		
2.	Durban y Pretoria		
3.	Ciudad del Cabo y Johannesburgo		
4.	Johannesburgo y Queenstown		
5.	East London y Upington		
6.	_____ y _____		

Practica

7. _____ = 767 + 254

8. 193 + 6,978 = _____

9. 562 − 388 = _____

10. _____ = 4,273 − 678

57

Historias de suma y resta

1. En 1896, el Reino Unido tenía la marina más grande del mundo, con 659 barcos. Francia tenía la segunda marina más grande del mundo, con 457 barcos. Estados Unidos tenía la décima, con sólo 95 barcos. ¿Cuántos barcos más tenía el Reino Unido que Francia?

_____ **Respuesta:** _____ barcos más
(modelo numérico)

2. Rhode Island, el estado más pequeño de Estados Unidos, tiene un área de 1,545 millas cuadradas. El área del segundo estado más pequeño, Delaware, es de 2,489 millas cuadradas. ¿Cuál es el área total de estos dos estados?

_____ **Respuesta:** _____ millas cuadradas
(modelo numérico)

3. Un oso polar puede pesar hasta 700 kilogramos. Un oso negro americano puede pesar hasta 227 kilogramos. ¿Cuánto más puede pesar un oso polar que un oso negro americano?

_____ **Respuesta:** _____ kilogramos más
(modelo numérico)

4. El peso máximo de la tortuga laúd del Pacífico es de alrededor de 1,552 libras; el de la tortuga laúd del Atlántico es de 1,018 libras. ¿Cuál es la diferencia entre el peso de ambas tortugas?

_____ **Respuesta:** _____ libras
(modelo numérico)

5. Según el Registro nacional de lugares históricos, la ciudad de New York tiene el mayor número de lugares históricos de Estados Unidos, con 624 lugares. Philadelphia está en segundo lugar, con 470, y Washington, D.C., en tercer lugar, con 336. En total, ¿cuántos lugares históricos hay en las tres ciudades?

_____ **Respuesta:** _____ lugares históricos
(modelo numérico)

Practica

6. Los números 81, 27 y 45 son múltiplos de _____ .

7. Haz una lista con los 10 primeros múltiplos de 6.

_____, _____, _____, _____, _____, _____, _____, _____, _____, _____

59

VÍNCULO CON EL ESTUDIO
3·9

Oraciones numéricas

Junto a cada oración numérica, escribe "V" si es verdadera, "F" si es falsa o "?" si no sabes.

1. 20 − 12 = 8 ∗ 3 _____

2. 7 = 14 ∗ 2 _____

3. 497 < 500 _____

4. 16 / 4 = 4 _____

5. 15 + 10 = 5 _____

6. 24 > 11 + 11 _____

7. 100 − 5 = 95 _____

8. 33 − 4 _____

9. Escribe dos oraciones numéricas verdaderas. _____

_____

10. Escribe dos oraciones numéricas falsas. _____

_____

11. a. Explica por qué 7 ∗ 8 no es una oración numérica.

_____

_____

b. ¿Cómo cambiarías 7 ∗ 8 para convertirla en una oración numérica verdadera?

_____

_____

c. ¿Cómo cambiarías 7 ∗ 8 para convertirla en una oración numérica falsa?

_____

_____

Practica

12. 24, _____, 48, _____, 72, _____   Regla: _____

13. _____, 108, 162, _____, 270, _____   Regla: _____

61

VÍNCULO CON EL ESTUDIO 3·10

Los paréntesis en las oraciones numéricas

Escribe el número que falta para convertir en verdaderas las siguientes oraciones numéricas.

1. $(45 / 5) * 3 =$ _____

2. $9 + (4 * 6) =$ _____

3. $(20 ÷ 4) ÷ 5 =$ _____

4. _____ $= (33 - 25) * 3$

5. _____ $= (25 / 5) + (8 * 4)$

6. $(33 + 7) / (3 + 2) =$ _____

Coloca paréntesis ( ) para convertir cada una de las siguientes oraciones en verdaderas.

7. $3 * 6 + 4 = 30$

8. $15 = 20 / 4 + 10$

9. $7 + 7 * 3 = 4 * 7$

10. $9 * 6 = 20 + 7 * 2$

Inténtalo

Coloca dos pares de paréntesis para convertir en verdadera cada una de las siguientes oraciones numéricas.

11. $72 ÷ 9 = 2 * 3 + 18 ÷ 9$

12. $35 ÷ 42 ÷ 6 = 10 - 6 + 1$

Escribe "V" si es verdadero, "F" si es falso o "?" si no puedes decir qué es.

13. $(6 * 5) / 3$ _____

14. $(3 * 7) / (15 - 12)$ _____

15. $30 = 1 + (4 * 6)$ _____

16. $(4 * 6) + 13 = 47 - 10$ _____

17. $15 > (7 * 6) * (10 - 9)$ _____

18. $20 < (64 ÷ 8) * (12 ÷ 4)$ _____

Practica

19. _____ $= 494 + 3,769$

20. $5,853 + 4,268 =$ _____

21. _____ $= 8,210 - 654$

22. $7,235 - 906 =$ _____

VÍNCULO CON EL ESTUDIO 3·11

Oraciones abiertas

Escribe V si la oración numérica es verdadera o F si es falsa.

1. $35 = 7 * 5$ _____

2. $43 > 34$ _____

3. $25 + 25 < 50$ _____

4. $49 - (7 \times 7) = 0$ _____

Escribe el número que falta para hacer que la oración numérica sea verdadera.

5. _____ $= 12 / (3 + 3)$

6. $(60 - 28) / 4 =$ _____

7. $(3 \times 8) \div 6 =$ _____

8. $30 - (4 + 6) =$ _____

Haz una oración verdadera agregando paréntesis.

9. $4 * 2 + 10 = 18$

10. $16 = 16 - 8 * 2$

11. $27 / 9 / 3 = 1$

12. $27 / 9 / 3 = 9$

Halla la solución de cada una de las siguientes oraciones abiertas. Escribe una oración numérica con la solución en el lugar de la variable. Comprueba para ver si la oración numérica es verdadera.

Ejemplo: $6 + x = 14$ **Solución:** 8 **Oración numérica:** $6 + 8 = 14$

Oración abierta	Solución	Oración numérica
13. $12 + x = 32$	_____	_____
14. $s = 200 - 3$	_____	_____
15. $5 * y = 40$	_____	_____
16. $7 = x / 4$	_____	_____

Practica

17. $366 + 7{,}565 =$ _____

18. $3{,}238 + 9{,}784 =$ _____

19. $9{,}325 - 756 =$ _____

20. $4{,}805 - 2{,}927 =$ _____

VÍNCULO CON EL ESTUDIO 3·12

Unidad 4: Carta a la familia

Decimales y sus usos

En los grados anteriores, su hijo o hija experimentó con cantidades de dinero escritas en notación decimal. En la próxima unidad, la clase aprenderá otros usos de los decimales.

La clase se concentrará en ejemplos de usos de los decimales en la vida cotidiana. Por ejemplo, algunos termómetros tienen marcas a intervalos de $\frac{2}{10}$ de grado. Estas marcas dan una medida bastante precisa de la temperatura corporal, tal como 98.6°F.

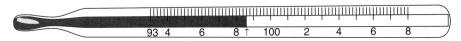

La temperatura normal del cuerpo es de alrededor de 98.6°F.

Los estudiantes explorarán cómo se usan los decimales para medir distancias, tiempos y millaje de gasolina.

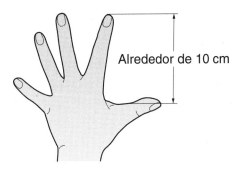

Alrededor de 10 cm

También empezaremos una actividad de medidas que durará todo el año. Los estudiantes encontrarán sus propias "referencias personales", que utilizarán para estimar longitudes, alturas y distancias en unidades métricas. Por ejemplo, su hijo o hija puede descubrir que la distancia de la base del dedo pulgar hasta la punta del dedo índice es alrededor de 10 centímetros y, con ese dato, podrá estimar otras distancias.

El Tour mundial continuará. Los estudiantes trabajarán en grupos pequeños para reunir información sobre diferentes países de África y, luego, compartirán con el resto de la clase lo que hayan aprendido. Los estudiantes podrán comparar e interpretar datos sobre un gran número de países de la misma región.

Por favor, guarde esta Carta a la familia como referencia mientras su hijo o hija trabaja en la Unidad 4.

Vocabulario

Términos importantes de la Unidad 4:

centésima En la notación de *valor posicional* de base 10, el lugar en el que un dígito tiene un valor posicional igual a $\frac{1}{100}$ de sí mismo; el segundo dígito a la derecha del punto decimal.

centímetro (cm) En el sistema métrico, una unidad de longitud equivalente a $\frac{1}{100}$ de un metro; 10 milímetros; $\frac{1}{10}$ de un decímetro.

decenas El lugar del valor posicional en el que un dígito tiene un valor igual a 10 veces sí mismo.

décimas En la notación de *valor posicional* de base 10, el lugar en el que un dígito tiene un valor igual a $\frac{1}{10}$ de sí mismo; el primer dígito a la derecha del punto decimal.

decímetro (dm) En el sistema métrico, una unidad de longitud equivalente a $\frac{1}{10}$ de un metro; 10 centímetros.

entero (o UNIDAD) En *Matemáticas diarias*, el objeto entero, la colección de objetos o las cantidades que se toman en cuenta; el 100%. Es lo mismo que la UNIDAD, el todo.

medida de referencia personal
Una aproximación conveniente para la unidad estándar de medidas. Por ejemplo, mucha gente tiene pulgares que miden aproximadamente una pulgada de ancho.

metro (m) En el sistema métrico, la unidad d[e] de la cual derivan otras unidades de longitud. U[n] la distancia que la luz viaja en un vacío (espacio) $\frac{1}{299,792,458}$ de segundo; 100 centímetros, 10 de[c]

milésimas En la notación de *valor posicional* [d]e el lugar en el que un dígito tiene un valor posic[ional] a $\frac{1}{1,000}$ de sí mismo; el tercer dígito a la derecha decimal.

milímetro (mm) Unidad métrica de longitud[,] lente a $\frac{1}{1,000}$ de un metro; $\frac{1}{10}$ de un centímetro.

UNIDAD Lo mismo que un *entero*.

unidades El lugar de valor posicional en el qu[e] tiene un valor igual a sí mismo.

valor posicional Un sistema de escritura de n[úmeros] que valora un dígito según su posición, o lugar, número. En nuestro sistema estándar de base 10 lugar tiene un valor de diez veces el lugar a su d[erecha] y una décima del valor del lugar a la izquierda.

1,000	100	10	1		0.1	0.01
Millares	Centenas	Decenas	Unidades	.	Décimas	Centésima[s]

Actividades para hacer en cualquier ocasión

Para trabajar con su hijo o hija sobre los conceptos aprendidos en esta unidad, hagan juntos las interesantes actividades que están a continuación. Para cada actividad, comenten el uso de los decimales y los significados de los valores posicionales.

1. Pida a su hijo o hija que averigüe las estadísticas deportivas de su atleta favorito.

2. Pida a su hijo o hija que compare precios de diferentes productos en el supermercado.

3. Ayude a su hijo o hija a desarrollar y usar nuevas medidas de referencia personal.

4. Juntos, busquen estadísticas sobre los países del Tour mundial. Busquen en periódicos y almanaques.

Desarrollar destrezas por medio de juegos

En la Unidad 4, su hijo o hija jugará a los siguientes juegos:

Béisbol de multiplicaciones Vea las páginas 231 y 232 del *Libro de consulta del estudiante*. El juego ayuda a practicar las operaciones de multiplicación.

A la pesca de dígitos Vea la página 242 del *Libro de consulta del estudiante*. El juego ayuda a practicar la identificación de dígitos, los valores de los dígitos, la suma y la resta.

Dale nombre a ese número Vea la página 254 del *Libro de consulta del estudiante*. El juego ayuda a practicar el uso de operaciones para representar

números de diferentes maneras.

Supera el número (Decimales) Vea la página 256 del *Libro de consulta del estudiante*. Este juego ayuda a los estudiantes a practicar comparar, ordenar, leer e identificar el valor de los dígitos en números decimales.

Polígonos en pareja Vea la página 258 del *Libro de consulta del estudiante*. El juego ayuda a los estudiantes a practicar la identificación de las propiedades de los polígonos.

Amontonar productos Vea la página 259 del *Libro de consulta del estudiante*. El juego ayuda a que los estudiantes practiquen las operaciones de multiplicación.

Cuando ayude a su hijo o hija a hacer la tarea

Cuando su hijo o hija traiga tareas a casa, lean juntos y clarifiquen las instrucciones cuando sea necesario. Las siguientes respuestas le servirán de guía para usar algunos de los Vínculos con el estudio de esta unidad.

Vínculo con el estudio 4•1

1.

1,000	100	10	1
6	8	5	4

3.

10	1	0.1	0.01	0.001
7	3 .	0	0	4

Vínculo con el estudio 4•3

Ejemplos de respuesta:

3. 5.05, 5.25, 5.95

4. 4.15, 4.55, 4.99

5. 21.4, 21.98, 21.57

6. 0.89, 0.85, 0.82

7. 2.155, 2.16, 2.159

8. 0.84, 0.88, 0.87

Vínculo con el estudio 4•4

1. Seikan y el túnel del Canal de la Mancha

2. Entre 90 y 130 millas

3. Ejemplo de respuesta: Redondeé las longitudes de los túneles a números "cercanos más fáciles" y sumé 35 + 30 + 20 + 15 + 15 = 115 para hallar la longitud total.

4. 12 millas   **5.** 8 millas

Vínculo con el estudio 4•5

1. 120.41   **2.** 1.46   **3.** 5.18   **4.** 0.03

5. >   **6.** <   **7.** >   **8.** >

9. Ejemplo de respuesta: 2.33 + 4.21

10. Ejemplo de respuesta: 6.83 − 5.31

Vínculo con el estudio 4•6

1. a. $0.76   **b.** $2.43   **c.** $4.64   **d.** $2.95

2. $16.40   **3.** $2.57   **4.** $7.32   **5.** $18.10

6. $10.78

7. Una barra de pan; ejemplo de respuesta: en el año 2000, el precio de una barra de pan era de $0.88. El precio estimado para el año 2025 es de $3.31, casi cuatro veces lo que salía en el año 2000.

Vínculo con el estudio 4•7

1. $\frac{335}{1,000}$; 0.335   **2.** $\frac{301}{1,000}$; 0.301

3. $\frac{7}{100}$; 0.07   **4.** $1\frac{5}{100}$; 1.05

5. 0.346   **6.** 0.092   **7.** 0.003   **8.** 2.7

9. 0.536   **10.** 0.23   **11.** 7.008   **12.** 0.4

13. >   **14.** >   **15.** <   **16.** <

Vínculo con el estudio 4•8

1. a. 7 cm **b.** 0.07 m   **2. a.** 12 cm **b.** 0.12 m

3. a. 4 cm **b.** 0.04 m   **4. a.** 6 cm **b.** 0.06 m

5. a. 2 cm **b.** 0.02 m   **6. a.** 14 cm **b.** 0.14 m

Vínculo con el estudio 4•9

2. 180 mm   **3.** 4 cm   **4.** 3,000 mm

5. 400 cm   **6.** 7 m   **7.** 460 cm

8. 794 cm   **9.** 4.5 m   **10.** 0.23 m

11. 60 cm   **12.** 8 cm   **13.** 7 cm

Vínculo con el estudio 4•10

2. a. 65 mm   **b.** 2.6 cm   **c.** 610 cm

3. a. 50 mm   **b.** 3 cm   **c.** 300 cm

4. a. 800 mm   **b.** 11 cm   **c.** 5 m

5. a. 430 mm   **b.** 9.8 cm   **c.** 0.34 m

6. a. 6 mm   **b.** 0.4 cm   **c.** 5,200 mm

Acertijos de valor posicional

Usa las pistas para escribir los dígitos en las cajas y hallar cada número.

1. ◆ Escribe 5 en el lugar de las decenas.

◆ Busca $\frac{1}{2}$ de 24. Resta 4. Escribe el resultado en el lugar de las centenas.

◆ Suma 7 al dígito del lugar de las decenas. Divídelo entre 2. Escribe el resultado en el lugar de los millares.

◆ En el lugar de las unidades, escribe un número par mayor que 2 que no se haya usado todavía.

1,000	100	10	1

2. ◆ Divide 15 entre 3. Escribe el resultado en el lugar de las centésimas.

◆ Multiplica 2 por 10. Divide entre 10.
Escribe el resultado en el lugar de las unidades.

◆ En el lugar de las décimas, escribe un dígito que sea 4 más que el dígito que escribiste en el lugar de las centésimas.

◆ Suma 7 al dígito en el lugar de las unidades y escribe el resultado en el lugar de las milésimas.

100	10	1	0.1	0.01	0.001
		.			

3. ◆ Escribe el resultado de 6 * 9 dividido entre 18 en el lugar de las unidades.

◆ Duplica 8. Divídelo entre 4. Escribe el resultado en el lugar de las milésimas.

10	1	0.1	0.01	0.001
	.			

◆ Suma 3 al dígito que escribiste en el lugar de las milésimas. Escribe el resultado en el lugar de las decenas.

◆ Escribe el mismo dígito en el lugar de las décimas y de las centésimas para que la suma de todos los dígitos sea 14.

Practica

Escribe verdadero o falso.

4. 6 * 5 = 15 + 15 _____   **5.** 15 + 7 < 13 − 8 _____   **6.** 72 / 9 > 9 _____

VÍNCULO CON EL ESTUDIO
4·2

Decimales por todas partes

Busca ejemplos de decimales en periódicos, revistas, libros o paquetes de alimentos. Pide a tus familiares que te den algunos ejemplos.

Escribe tus números abajo o, si un adulto dice que puedes hacerlo, recórtalos y pégalos en esta página. Asegúrate de anotar lo que significan los números. Por ejemplo: "La temperatura corporal de un lirón en hibernación puede bajar hasta 35.6°F".

_____

_____

_____

_____

_____

_____

_____

_____

_____

_____

_____

_____

Practica

Escribe verdadero o falso.

1. $286 + 286 = 462$ _____

2. $907 - 709 = 200$ _____

3. $641 + 359 = 359 + 641$ _____

4. $2,345 - 198 = 2,969 - 822$ _____

73

Ordenar decimales

Haz una marca en las ubicaciones aproximadas de los decimales y las fracciones en las siguientes rectas numéricas. Vuelve a nombrar las fracciones como decimales cuando sea necesario.

1.

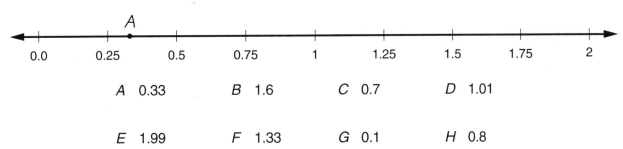

A 0.33   B 1.6   C 0.7   D 1.01

E 1.99   F 1.33   G 0.1   H 0.8

2.

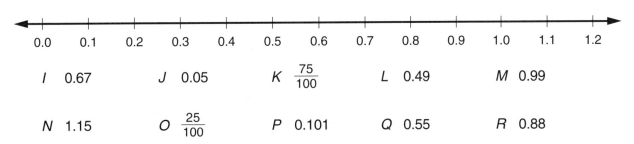

I 0.67   J 0.05   K $\frac{75}{100}$ L 0.49   M 0.99

N 1.15   O $\frac{25}{100}$ P 0.101   Q 0.55   R 0.88

Usa decimales. Escribe 3 números que estén entre los siguientes:

3. $5 y $6 $_____, $_____, $_____

4. 4 centímetros y 5 centímetros   _____ cm,   _____ cm,   _____ cm

5. 21 segundos y 22 segundos   _____ seg,   _____ seg,   _____ seg

6. 8 *dimes* y 9 *dimes* $_____, $_____, $_____

7. 2.15 metros y 2.17 metros   _____ m,   _____ m,   _____ m

8. 0.8 metros y 0.9 metros   _____ m,   _____ m,   _____ m

Practica

9. $x + 17 = 23$ $x =$ _____   **10.** $5 * n = 35$ $n =$ _____   **11.** $32 / b = 4$ $b =$ _____

VÍNCULO CON EL ESTUDIO
4·4

Longitudes de túneles de ferrocarril

La tabla de abajo muestra los cinco túneles de ferrocarril más largos del mundo.

Túnel	Lugar	Año en que se terminó	Longitud en millas
Seikan	Japón	1988	33.46
el Canal de la Mancha	Francia/Inglaterra	1994	31.35
el metro de Moscú	Rusia	1979	19.07
el metro de Londres	Reino Unido	1939	17.30
Dai-Shimizu	Japón	1982	13.98

Usa la estimación para responder las siguientes preguntas.

1. ¿Qué dos túneles tienen juntos una longitud de alrededor de 60 millas?

_____ y _____

2. ¿Cuál de las siguientes longitudes es más cercana a la de los cinco túneles combinados? Elige la mejor respuesta.

⬭ Menos de 90 millas   ⬭ Entre 90 y 130 millas

⬭ Entre 130 y 160 millas   ⬭ Más de 160 millas

3. Explica cómo resolviste el problema 2.

_____

_____

4. ¿Aproximadamente cuántas millas más de longitud tiene el túnel del Canal de la Mancha que el del metro de Moscú?

Alrededor de _____ millas

Inténtalo

5. El túnel Cascade, en el estado de Washington, es el túnel de ferrocarril más largo de Estados Unidos. Tiene alrededor de $\frac{1}{4}$ de la longitud del túnel de Seikan. ¿Cuál es la longitud aproximada del túnel Cascade?

Alrededor de _____ millas

Practica

6. $190 + b = 200$ $b =$ _____   **7.** $g - 500 = 225$ $g =$ _____

77

VÍNCULO CON EL ESTUDIO 4·5

Suma y resta de decimales

Suma o resta. Muestra tu trabajo.

1. $96.45 + 23.96 =$ _____

2. $1.06 + 0.4 =$ _____

3. $9.87 - 4.69 =$ _____

4. $0.4 - 0.37 =$ _____

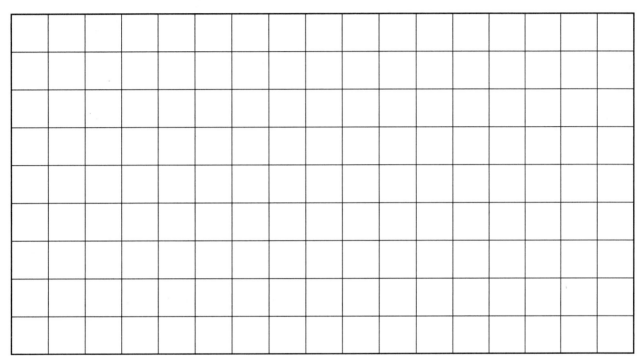

Escribe <, > ó = para hacer que cada oración sea verdadera.

5. $2.78 + 9.1$ _____ $3.36 + 8.49$

6. $0.08 + 0.97$ _____ $1.04 + 0.03$

7. $13.62 - 4.9$ _____ $9.4 - 1.33$

8. $9.4 - 5.6$ _____ $8.3 - 4.7$

9. Nombra dos números de 3 dígitos cuya suma sea 6.54. _____ + _____ = 6.54

10. Nombra dos números de 3 dígitos cuya diferencia sea 1.52. _____ − _____ = 1.52

Practica

11. $13 = 7 + s$ $s =$ _____

12. $8 * g = 24$ $g =$ _____

13. $36 / p = 6$ $p =$ _____

14. $m / 9 = 8$ $m =$ _____

79

VÍNCULO CON EL ESTUDIO
4·6

Aumentos en los precios del supermercado

La siguiente tabla muestra algunos precios de artículos del supermercado de la USDA para el año 2000 y estimaciones de los precios de artículos del supermercado para el año 2025.

Artículo	Precio en 2000	Precio estimado en 2025
docena de huevos	$1.02	$1.78
barra de pan blanco	$0.88	$3.31
libra de mantequilla	$2.72	$7.36
galón de leche	$2.70	$5.65

1. ¿Cuánto más se predice que costará cada uno de los siguientes productos en el año 2025?

   a. huevos _____ **b.** pan _____ **c.** mantequilla _____ **d.** leche _____

2. Es el año 2000. Compras pan y mantequilla. Le das al cajero un billete de $20. ¿Cuánto cambio debes recibir? _____

3. Es el año 2025. Compras huevos y leche. Le das al cajero un billete de $10. ¿Cuánto cambio debes recibir? _____

4. Es el año 2000. Compras los 4 comestibles. ¿Cuál es el costo total? _____

5. Es el año 2025. Compras los 4 comestibles. ¿Cuál es el costo total? _____

6. Si las predicciones son correctas, ¿cuánto más pagarás en el año 2025 que en el 2000 por los 4 comestibles? _____

7. ¿Cuál es el producto que se estima que tendrá el mayor aumento de precio? _____

   Explica tu respuesta. _____

   _____

   _____

Practica

8. Haz una lista de los diez primeros múltiplos de 3. ____, ____, ____, ____, ____,

   ____, ____, ____, ____, ____

9. Haz una lista de los diez primeros múltiplos de 7. ____, ____, ____, ____, ____,

81

VÍNCULO CON EL ESTUDIO 4·7

Décimas, centésimas y milésimas

Completa la tabla. El cubo grande es la UNIDAD.

Bloques de base 10	Notación de fracciones	Notación decimal
1. ☐☐☐ ‖‖		
2. ☐☐☐ .		
3. ‖‖‖‖ ‖		
4. ☐☐ ‖‖‖‖		

Escribe cada número en notación decimal.

5. $\dfrac{346}{1,000}$ _____

6. $\dfrac{92}{1,000}$ _____

7. $\dfrac{3}{1,000}$ _____

8. $2\dfrac{7}{10}$ _____

Escribe cada uno de los siguientes números en notación decimal.

9. 536 milésimas _____

10. 23 centésimas _____

11. 7 con 8 milésimas _____

12. 4 décimas _____

Escribe < ó >.

13. 0.407 _____ 0.074

14. 0.65 _____ 0.437

15. 0.672 _____ 0.7

16. 2.38 _____ 2.4

Practica

17. 6.05 + 1.24 = _____

18. _____ = 47.90 + 0.76

19. _____ = 8.71 − 2.78

20. 46.8 − 3.77 = _____

VÍNCULO CON EL ESTUDIO
4·8

Medir en centímetros

Mide cada segmento de recta al centímetro más cercano.
Anota la medida en centímetros y metros.

128 129

Ejemplo: _____

   a. Alrededor de ____5____ centímetros   **b.** Alrededor de ___0.05___ de metro

1. _____

   a. Alrededor de _____ centímetros   **b.** Alrededor de _____ de metro

2. _____

   a. Alrededor de _____ centímetros   **b.** Alrededor de _____ de metro

3. _____

   a. Alrededor de _____ centímetros   **b.** Alrededor de _____ de metro

4. _____

   a. Alrededor de _____ centímetros   **b.** Alrededor de _____ de metro

5. _____

   a. Alrededor de _____ centímetros   **b.** Alrededor de _____ de metro

6. _____

   a. Alrededor de _____ centímetros   **b.** Alrededor de _____ de metro

---

Practica

7. _____ = 10.06 + 10.04   **8.** 38.93 + 92.4 = _____

9. 16.85 − 14.23 = _____   **10.** _____ = 20.9 − 8.57

| 0 | 1 | 2 | 3 | 4 | 5 | 6 | 7 | 8 | 9 | 10 | 11 | 12 | 13 | 14 | 15 |

Centímetros

VÍNCULO CON EL ESTUDIO 4·9

Medidas métricas

1. Usa tus referencias personales para estimar las longitudes de 4 objetos en unidades métricas. Luego mide cada objeto y anota tus estimaciones y medidas.

Objeto	Longitud estimada	Longitud real

Completa.

2. 18 cm = _____ mm

3. _____ cm = 40 mm

4. 3 m = _____ mm

5. 4 m = _____ cm

6. _____ m = 700 cm

7. 4.6 m = _____ cm

8. 7.94 m = _____ cm

9. _____ m = 450 cm

10. _____ m = 23 cm

11. 0.6 m = _____ cm

Mide cada segmento de recta al $\frac{1}{2}$ centímetro más cercano.

12. _____

Alrededor de _____ centímetros

13. _____

Alrededor de _____ centímetros

Practica

Coloca < ó >.

14. 0.68 _____ 0.32

15. 9.13 _____ 9.03

16. 0.65 _____ 0.6

87

Nombre _____ Fecha _____ Hora _____

VÍNCULO CON EL ESTUDIO
4·10

Decimales y unidades métricas

Símbolos de las unidades métricas de longitud
metro (m)
centímetro (cm)
decímetro (dm)
milímetro (mm)

1 decímetro

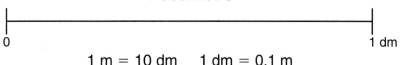

0   1 dm

1 m = 10 dm   1 dm = 0.1 m

10 centímetros

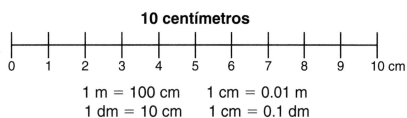

0   1   2   3   4   5   6   7   8   9   10 cm

1 m = 100 cm   1 cm = 0.01 m
1 dm = 10 cm   1 cm = 0.1 dm

100 milímetros

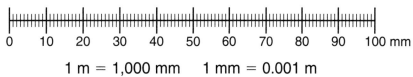

0   10   20   30   40   50   60   70   80   90   100 mm

1 m = 1,000 mm   1 mm = 0.001 m
1 dm = 100 mm   1 mm = 0.01 dm
1 cm = 10 mm   1 mm = 0.1 cm

Usa tu cinta de medir o regla como ayuda para hallar las respuestas a los siguientes problemas.

1. **a.** 4.2 cm = _42_ mm   **b.** 64 mm = _6.4_ cm   **c.** 2.6 m = _260_ cm

2. **a.** 6.5 cm = _____ mm   **b.** 26 mm = _____ cm   **c.** 6.1 m = _____ cm

3. **a.** 5 cm = _____ mm   **b.** 30 mm = _____ cm   **c.** 3 m = _____ cm

4. **a.** 80 cm = _____ mm   **b.** 110 mm = _____ cm   **c.** _____ m = 500 cm

5. **a.** 43 cm = _____ mm   **b.** 98 mm = _____ cm   **c.** _____ m = 34 cm

6. **a.** 0.6 cm = _____ mm   **b.** 4 mm = _____ cm   **c.** 5.2 m = _____ mm

---

Practica

7. 21, 49 y 56 son múltiplos de _____.

8. 45, 63 y 18 son múltiplos de _____.

89

Unidad 5: Carta a la familia

Números grandes, estimación y cómputo

En esta unidad, su hijo o hija empezará a multiplicar números de 1 ó 2 dígitos usando lo que llamamos el **método de productos parciales.** Para prepararse, los estudiantes aprenderán a jugar a *Luchas de multiplicación.* Pida a su hijo o hija que le explique las reglas, y jueguen juntos de vez en cuando. A la vez que se espera que los estudiantes aprendan el método de productos parciales, también investigarán el **método de multiplicación reticulada**, que en ocasiones anteriores ha gustado a los estudiantes.

Si su hijo o hija tiene problemas con las operaciones de multiplicación, hagan repasos breves (de cinco minutos) en su casa y concéntrense en las operaciones que encuentren difíciles.

Otro enfoque importante de esta unidad es en la lectura y la escritura de números grandes. Los estudiantes usarán números grandes para resolver problemas y hacer estimaciones razonables. Ayude a su hijo o hija a encontrar números grandes en periódicos y otras fuentes y pídale que se los lea, o puede leer usted los números y que su hijo o hija los escriba.

A veces es útil escribir números grandes en forma abreviada para que sea más fácil trabajar con ellos. Una manera es usar **exponentes**, que indican cuántas veces un número, llamado base, se usa como factor. Por ejemplo, 100,000 es igual a $10 * 10 * 10 * 10 * 10$. Por lo tanto, 100,000 se puede escribir 10^5. Al 5 pequeño y elevado se lo llama exponente y 10^5 se lee "10 a la quinta potencia". Para la mayoría de los estudiantes, ésta será la primera experiencia con exponentes, los cuales se estudiarán a fondo en quinto y sexto grado.

La clase continuará con el Tour mundial. Los estudiantes empezarán a ver cómo la información numérica acerca de un país los ayuda a entenderlo mejor: su tamaño, clima, ubicación y la distribución de la población, y cómo estas características afectan la vida de la gente. La próxima parada del Tour mundial será Budapest, Hungría, el punto de partida de la exploración de los países europeos. Anime a su hijo o hija a llevar a la escuela materiales sobre Europa, como artículos de la sección de viajes del periódico y de revistas, y folletos sobre viajes.

Por favor, guarde esta Carta a la familia como referencia mientras su hijo o hija trabaja en la Unidad 5.

Vocabulario

Términos importantes de la Unidad 5:

estimación Una respuesta cercana pero no exacta; una respuesta aproximada a un cómputo; un número cercano a otro.

estimación de magnitud Una estimación muy general sobre si un número está en las unidades, decenas, centenas, millares, etc.

exponente Ver *notación exponencial*.

mil millones 1,000,000,000, o sea 10^9; 1,000 millones.

millón 1,000,000 ó 10^6; 1,000 millares.

multiplicación de productos parciales Una forma de multiplicar en la que el valor de cada dígito de un factor se multiplica por el valor de cada dígito del otro factor. El producto final es la suma de los productos parciales. El siguiente ejemplo muestra cómo usar el método para hallar 73 * 46.

> **Multiplicación de productos parciales**
> Multiplica cada parte de un factor por cada parte del otro factor. Luego suma los productos parciales.
>
> ```
>                    73
>                 *  46
>   40 * 70 →   2,800
>   40 *  3 →     120
>    6 * 70 →     420
>    6 *  3 →  +   18
>                3,358
> ```

multiplicación reticulada Una forma muy antigua de multiplicar números de varios dígitos. Los pasos que están a continuación muestran cómo hallar el producto de 46 * 73 con la multiplicación reticulada.

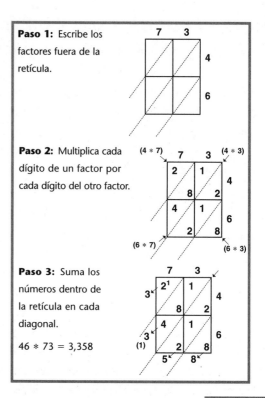

Paso 1: Escribe los factores fuera de la retícula.

Paso 2: Multiplica cada dígito de un factor por cada dígito del otro factor.

Paso 3: Suma los números dentro de la retícula en cada diagonal.

46 * 73 = 3,358

notación exponencial Una forma de mostrar la multiplicación repetida por el mismo factor.

2^3 ← exponente, └ base

Por ejemplo, 2^3 es la forma exponencial de 2 * 2 * 2. El pequeño 3 elevado es el exponente; indica cuántas veces el número 2, llamado base, se usa como factor.

operación básica de multiplicación extendida Una operación básica de multiplicación que incluye múltiplos de 10, 100, etc. En una operación básica de multiplicación extendida, cada factor tiene un solo dígito que no es cero. Por ejemplo, 400 * 6 = 2,400 y 20 * 30 = 600 son operaciones básicas de multiplicación extendida.

potencia de 10 Un número entero que puede escribirse como un producto usando sólo números 10 como factores. Por ejemplo, 100 es igual a 10 * 10 ó 10^2. 100 es 10 a la segunda potencia o la segunda potencia de 10 ó 10 al cuadrado.

redondear un número Reemplazar un número con un número aproximado, ya sea porque es más fácil de manejar o porque refleja mejor la precisión de los datos. A menudo, los números se redondean a la *potencia de 10* más cercana. Por ejemplo, 12,964 redondeado al millar más cercano es 13,000.

Unidad 5: Carta a la familia, *cont.*

Actividades para hacer en cualquier ocasión

Para trabajar con su hijo o hija sobre los conceptos aprendidos en esta unidad, hagan juntos estas interesantes y provechosas actividades:

1. Para ayudar a su hijo o hija a trabajar con números grandes, pídale que busque la distancia de la Tierra a otros planetas del sistema solar, como la distancia de la Tierra a Marte, a Júpiter, a Saturno, etc.

2. Pida a su hijo o hija que busque la ganancia de taquilla total de una o más de sus películas favoritas.

3. Ayude a su hijo o hija a buscar la población y el área del estado y ciudad donde viven y a compararlas con la población y el área de otros estados y ciudades.

4. Pida a su hijo o hija que busque números grandes en periódicos y otras fuentes y pídale que se los lea. O usted puede leer los números y su hijo o hija escribirlos.

Desarrollar destrezas por medio de juegos

En la Unidad 5, su hijo o hija practicará las destrezas de multiplicación y desarrollará su comprensión de los números de varios dígitos jugando a los siguientes juegos. Para instrucciones más detalladas, vea el *Libro de consulta del estudiante.*

Gánale a la calculadora Vea el *Libro de consulta del estudiante*, página 233.
Este juego desarrolla la automatización de las operaciones básicas de multiplicación extendidas.

Lanzar números altos Vea el *Libro de consulta del estudiante*, página 252.
Este juego refuerza la comprensión del valor posicional.

Luchas de multiplicación Vea el *Libro de consulta del estudiante*, página 253.
Este juego refuerza la comprensión del método de multiplicación de productos parciales.

Supera el número Vea el *Libro de consulta del estudiante*, página 255.
Este juego refuerza la comprensión del valor posicional.

Amontonar productos Vea la página 259 del *Libro de consulta del estudiante.*
Este juego desarrolla la automatización de las operaciones de multiplicación.

Cuando ayude a su hijo o hija a hacer la tarea

Cuando su hijo o hija traiga tareas a casa, lean juntos y clarifiquen las instrucciones cuando sea necesario.
Las siguientes respuestas le servirán de guía para usar algunos de los Vínculos con el estudio de esta unidad.

Vínculo con el estudio 5·1

9. 1.48 **10.** 1.13 **11.** 8.17

Vínculo con el estudio 5·2

1. 42; 420; 420; 4,200; 4,200; 42,000

2. 27; 270; 270; 2,700; 2,700; 27,000

3. 32; 320; 320; 3,200; 3,200; 32,000

4. 3; 5; 50; 3; 3; 500

5. 6; 6; 60; 9; 900; 9,000

6. 5; 500; 50; 8; 80; 800

7. 15 **8.** 9.5 **9.** 4.26

Vínculo con el estudio 5·3

Ejemplos de respuesta:

1. 850 + 750 = 1,600; 1,601

2. 400 + 1,000 + 500 = 1,900; 1,824

3. 400 + 750 = 1,150

4. 600 + 650 + 350 = 1,600; 1,595

5. 300 + 300 + 500 = 1,100

6. 800 + 700 = 1,500; 1,547

7. 700 + 200 + 400 = 1,300

8. 100 + 700 + 800 = 1,600; 1,627

9. 750 + 400 + 200 = 1,350

10. 600 + 800 = 1,400

11. 4,800 **12.** 2,100 **13.** 45,000

Vínculo con el estudio 5·4

Ejemplos de respuesta:

1. 20 * 400 = 8,000; millares

2. 10 * 20 = 200; centenas

3. 5 * 400 = 2,000; millares

4. 2 * 20 * 10,000 = 400,000; centenas de millar

5. 3 ó 4 dígitos; 10 * 10 = 100 y 90 * 90 = 8,100

Vínculo con el estudio 5·5

1. 392 **2.** 2,200 **3.** 11,916

4. a. 7 * 200 = 1,400; millares **b.** 1,267 horas

5. menos **6.** 7,884 **7.** 11,436

8. 1,258 **9.** 4,689

Vínculo con el estudio 5·6

1. 4,074 **2.** 1,680 **3.** 2,100 **4.** 486

5. 3,266 **6.** 17,000 **7.** 7,471 **8.** 37,632

9. 5,722 **10.** 10,751 **11.** 916 **12.** 2,769

Vínculo con el estudio 5·7

7. 6,552

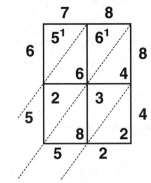

9. 39.57 **10.** 74.22 **11.** 33.77 **12.** 71.15

Vínculo con el estudio 5·8

92,106,954,873

12. 92 mil millones, 106 millones, 954 mil, 873

13. 370 **14.** 3,168 **15.** 1,656 **16.** 2,632

Vínculo con el estudio 5·9

7. 441 **8.** 2,970 **9.** 5,141

Vínculo con el estudio 5·10

2. Mercury y Stars; Monarchs y Storm

4. 4,152 **5.** 798 **6.** 3,212

Vínculo con el estudio 5·11

1. China **2.** Francia **4.** Italia y Estados Unidos

VÍNCULO CON EL ESTUDIO 5·1

Acertijos de multiplicación y división

Resuelve mentalmente los acertijos de multiplicación y división. Completa las casillas en blanco que están a continuación.

Ejemplos:

*, /	300	2,000
2	600	4,000
3	900	6,000

*, /	80	50
4	320	200
8	640	400

1.

*, /	70	400
8		
9		

2.

*, /	5	7
80		
600		

3.

*, /	9	4
50		
7,000		

4.

*, /		600
7	3,500	
		2,400

5.

*, /		80
30	2,700	
		56,000

6.

*, /	4,000	
	36,000	
20		10,000

Inventa y resuelve algunos acertijos.

7.

*, /		

8.

*, /		

Practica

9. _____ = 0.56 + 0.92

10. _____ = 2.86 − 1.73

11. 19.11 − 10.94 = _____

12. _____ = 0.52 + 0.25

VÍNCULO CON EL ESTUDIO 5·2

Operaciones básicas de multiplicación extendidas

Resuelve mentalmente.

1. 6 * 7 = _____

6 * 70 = _____

60 * 7 = _____

60 * 70 = _____

600 * 7 = _____

60 * 700 = _____

2. 9 * 3 = _____

9 * 30 = _____

90 * 3 = _____

90 * 30 = _____

900 * 3 = _____

90 * 300 = _____

3. 4 * 8 = _____

4 * 80 = _____

40 * 8 = _____

40 * 80 = _____

400 * 8 = _____

40 * 800 = _____

4. 5 * _____ = 15

30 * _____ = 150

30 * _____ = 1,500

_____ * 50 = 150

_____ * 500 = 1,500

30 * _____ = 15,000

5. _____ * 9 = 54

_____ * 90 = 540

_____ * 90 = 5,400

60 * _____ = 540

6 * _____ = 5,400

6 * _____ = 54,000

6. 8 * _____ = 40

8 * _____ = 4,000

80 * _____ = 4,000

_____ * 50 = 400

_____ * 5 = 400

_____ * 500 = 400,000

Practica

7. _____ = 6.3 + 8.7

8. 7.36 + 2.14 = _____

9. _____ = 9.74 − 5.48

10. _____ = 4.6 − 2.8

VÍNCULO CON EL ESTUDIO
5·3

Estimar sumas

Para cada problema, escribe un modelo numérico para estimar la suma.

◆ Si la estimación es mayor que o igual a 1,500, halla la suma exacta.

◆ Si la estimación es menor que 1,500, **no** resuelvas el problema.

1. 867 + 734 = _____

Modelo numérico:

_____

2. 374 + 962 + 488 = _____

Modelo numérico:

_____

3. 382 + 744 = _____

Modelo numérico:

_____

4. 581 + 648 + 366 = _____

Modelo numérico:

_____

5. 318 + 295 + 493 = _____

Modelo numérico:

_____

6. 845 + 702 = _____

Modelo numérico:

_____

7. 694 + 210 + 386 = _____

Modelo numérico:

_____

8. 132 + 692 + 803 = _____

Modelo numérico:

_____

9. 756 + 381 + 201 = _____

Modelo numérico:

_____

10. 575 + 832 = _____

Modelo numérico:

_____

Practica

11. 60 ∗ 80 = _____

12. 30 ∗ 70 = _____

13. 50 ∗ 900 = _____

14. 40 ∗ 800 = _____

Nombre _____ Fecha _____ Hora _____

VÍNCULO CON EL ESTUDIO 5·4

Estimar productos

Estima si la respuesta resultará en las decenas, centenas, millares, o más. Escribe un modelo numérico para mostrar tu estimación. Luego, encierra en un círculo la casilla que muestre tu estimación.

1. Un koala duerme un promedio de 22 horas por día. ¿Alrededor de cuántas horas duerme en un año?

Modelo numérico: _____

10	100	1,000	10,000	100,000	1,000,000

2. Un ratón de campo tiene un promedio de 9 crías por camada.
Si tiene 17 camadas en una temporada, ¿alrededor de cuántas crías tendrá?

Modelo numérico: _____

10	100	1,000	10,000	100,000	1,000,000

3. Los jugadores de golf pierden, en promedio, alrededor de 5 pelotas por recorrido. ¿Alrededor de cuántas pelotas perderá el jugador tipo si juega un recorrido por día durante un año?

Modelo numérico: _____

10	100	1,000	10,000	100,000	1,000,000

4. Durante la próxima hora, los franceses salvarán 12,000 árboles por medio del reciclaje de papel. ¿Alrededor de cuántos árboles salvarán en dos días?

Modelo numérico: _____

10	100	1,000	10,000	100,000	1,000,000

Inténtalo

5. ¿Cuántos dígitos puede tener el producto de dos números de 2 dígitos?
Da ejemplos para sustentar tu respuesta.

_____

Practica

6. 60 * 7 = _____   **7.** 4 * 80 = _____   **8.** _____ = 200 * 9

101

VÍNCULO CON EL ESTUDIO 5·5

Multiplicación

Multiplica usando el método de productos parciales. Muestra tu trabajo en la cuadrícula de abajo.

1. 56 * 7 = _____

2. 8 * 275 = _____

3. _____ = 1,324 * 9

4. Maya va a la escuela 7 horas por día. Si no falta ninguno de los 181 días de clases de este año, ¿cuántas horas pasará Maya en la escuela?

a. Estima si la respuesta estará en las decenas, centenas, millares o más. Escribe un modelo numérico que muestre tu estimación. Encierra en un círculo la casilla que muestre tu estimación.

Modelo numérico: _____

10	100	1,000	10,000	100,000	1,000,000

b. Respuesta exacta: _____ horas

5. El ojo promedio parpadea una vez cada 5 segundos. ¿Es más o menos que cien mil veces por día? Explica tu respuesta.

_____

_____

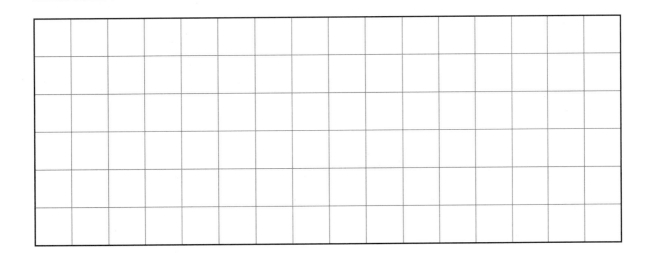

Practica

6. _____ = 495 + 7,389

7. 5,638 + 5,798 = _____

8. 3,007 − 1,749 = _____

9. _____ = 8,561 − 3,872

VÍNCULO CON EL ESTUDIO
5·6

Más multiplicación

Multiplica usando el algoritmo de productos parciales. Muestra tu trabajo.

1. 582 * 7 = _____

2. 56 * 30 = _____

3. 42 * 50 = _____

4. _____ = 27 * 18

5. _____ = 46 * 71

6. 340 * 50 = _____

Inténtalo

7. _____ = 241 * 31

8. _____ = 768 * 49

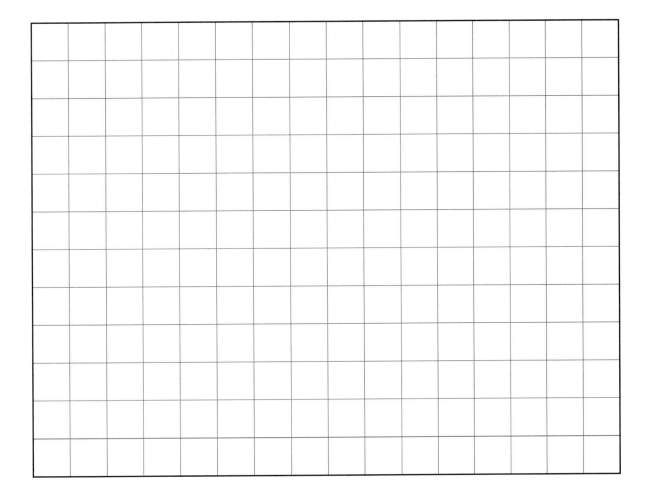

Practica

9. _____ = 283 + 5,439

10. 6,473 + 4,278 = _____

11. 5,583 − 4,667 = _____

12. _____ = 9,141 − 6,372

Multiplicación reticulada

Usa el método reticulado para hallar los siguientes productos.

1. 5 * 46 = _____

2. 8 * 67 = _____

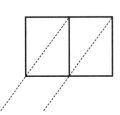

3. 7 * 836 = _____

4. 4 * 329 = _____

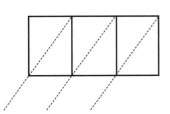

5. 25 * 31 = _____

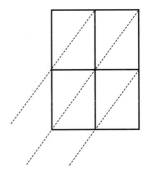

6. 49 * 52 = _____

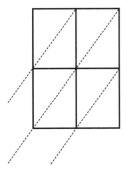

7. Usa el método reticulado y el método de productos parciales para hallar el producto.   84 * 78 = _____

Practica

8. _____ = 33.67 + 5.9

9. 68.4 + 5.82 = _____

10. 71.44 − 37.67 = _____

11. _____ = 101.06 − 29.91

107

VÍNCULO CON EL ESTUDIO
5·8

Acertijo de valor posicional

Usa las siguientes pistas para completar la tabla de valor posicional.

Millares de millón				Millones				Millares				Unidades		
100MiM	10MiM	1MiM	,	100M	10M	1M	,	100Mi	10Mi	1Mi	,	100	10	1

1. Halla $\frac{1}{2}$ de 24. Réstale 4. Escribe el resultado en el lugar de las centenas.

2. Halla $\frac{1}{2}$ de 30. Divide el resultado entre 3. Escribe la respuesta en el lugar de las decenas de millar.

3. Halla 30 ÷ 10. Duplica el resultado y escríbelo en el lugar de las unidades de millón.

4. Divide 12 entre 4 y escribe el resultado en el lugar de las unidades.

5. Halla 9 * 8. Invierte los dígitos del resultado y divídelo entre 3. Escribe la respuesta en el lugar de las centenas de millar.

6. Duplica 8. Divide el resultado entre 4. Escribe la respuesta en el lugar de las unidades de millar.

7. En el lugar de los millares de millón, escribe el número par mayor que 0 que no se haya usado todavía.

8. Escribe la respuesta de 5 ÷ 5 en el lugar de las centenas de millón.

9. En el lugar de las decenas, escribe el número impar que no se haya usado todavía.

10. Halla la suma de todos los dígitos que tengas hasta ahora en la tabla. Divide el resultado entre 5 y escríbelo en el lugar de las decenas de millares de millón.

11. Escribe 0 en la columna vacía cuyo valor posicional es menor que los millares de millón.

12. Escribe el número con palabras. Por ejemplo, 17,450,206 se escribiría "17 millones, 450 mil, 206."

Practica

13. 74 * 5 = _____

14. _____ = 396 * 8

15. _____ = 92 * 18

16. 56 * 47 = _____

VÍNCULO CON EL ESTUDIO 5·9

Muchos nombres para las potencias de 10

A continuación, hay diferentes nombres para las potencias de 10. Escribe los nombres en las cajas de coleccionar nombres que correspondan. Encierra en un círculo los nombres que no pertenezcan a ninguna de las cajas.

1,000,000	10,000	1,000
100	10	10 [100,000]
10 [10,000]	10^6	10 [1,000]
10^3	10 * 10 * 10 * 10	mil
10^5	10 * 10 * 10 * 10 * 10	10 [10]
10 * 10	diez	10^1
10 [décimas]	10^0	1

1. 100,000

2. 10^2

3. 1 millón

4. uno

5. 10 * 10 * 10

6. 10^4

Practica

7. 63 * 7 = _____

8. _____ = 495 * 6

9. _____ = 97 * 53

VÍNCULO CON EL ESTUDIO
5·10

Redondear

1. Redondea el número de asientos de la tabla al millar más cercano.

Asociación Nacional de Baloncesto Femenino Número de asientos de las canchas		
Equipo	**Número de asientos**	**Redondeado al 1,000 más cercano**
Charlotte Sting	24,042	
Cleveland Rockers	20,562	
Detroit Shock	22,076	
New York Liberty	19,763	
Phoenix Mercury	19,023	
Sacramento Monarchs	17,317	
San Antonio Stars	18,500	
Seattle Storm	17,072	

2. Mira los números redondeados. ¿Qué estadios tienen alrededor de la misma capacidad?

_____

3. Redondea cada cifra de población de la tabla al millón más cercano.

Censo oficial de la población de EE.UU. de 1940 a 2000		
Año	**Población**	**Redondeada al millón más cercano**
1940	132,164,569	
1960	179,323,175	
1980	226,542,203	
2000	281,421,906	

Fuente de las dos tablas: The World Almanac and Book of Facts 2004

Practica

4. _____ = 692 * 6   **5.** _____ = 38 * 21   **6.** 44 * 73 = _____

113

VÍNCULO CON EL ESTUDIO
5·11

Comparar datos

La tabla muestra el número de libras de fruta que se produjeron en los 10 países que más frutas producen en el año 2001. Lee cada uno de estos números en voz alta a un amigo o a un miembro de tu familia.

País	Libras de frutas
Brasil	77,268,294,000
China	167,046,420,000
Francia	26,823,740,000
India	118,036,194,000
Irán	28,599,912,000
Italia	44,410,538,000
México	34,549,912,000
Filipinas	27,028,556,000
España	36,260,392,000
Estados Unidos	73,148,598,000

1. ¿Qué país produjo la mayor cantidad de fruta?

   _____

2. ¿Qué país produjo la menor cantidad de fruta?

   _____

3. Para cada par de países, encierra en un círculo el que produjo la mayor cantidad de fruta.

   a. India   México   b. Estados Unidos   Irán

   c. Brasil   Filipinas   d. España   Italia

4. ¿Qué dos países, juntos, produjeron casi la misma cantidad de fruta que la India?

   _____

Practica

Estima la suma. Escribe un modelo numérico.

5. 687 + 935 _____

6. 2,409 + 1,196 + 1,327 _____

7. 11,899 + 35,201 _____

VÍNCULO CON EL ESTUDIO
5·12

Unidad 6: Carta a la familia

División; marcos de referencia en mapas; medidas de ángulos

Las primeras cuatro lecciones y la última lección de la Unidad 6 se centran en el entendimiento de la división, en desarrollar un método para dividir números enteros y en resolver historias de división.

Si bien la mayoría de los adultos usa una calculadora para resolver problemas de división con cocientes largos, es bueno aprender un procedimiento para calcular con papel y lápiz problemas como $567 \div 6$ y $15\overline{)235}$. Afortunadamente, hay un método que es similar al que la mayoría de nosotros aprendimos en la escuela, pero que es más fácil de entender y usar. Se llama **método de cocientes parciales.**

Los estudiantes han practicado mucho las operaciones básicas de división extendidas, como $420 \div 7 = 60$ y preguntas como "¿Alrededor de cuántos 12 hay en 150?". Con el método de cocientes parciales su hijo o hija aplicará estas destrezas para obtener cocientes parciales hasta que se determinen el cociente exacto y el residuo.

Esta unidad también se centra en los números de los sistemas de coordenadas de mapas. Para los mapas de áreas relativamente pequeñas, se usan cuadrículas de coordenadas rectangulares; para los mapas de todo el mundo y los globos terráqueos, se usa el sistema de latitud y longitud para localizar lugares.

Como este sistema se basa en medidas angulares, la clase medirá y dibujará ángulos con transportadores circulares (360°) y semicirculares (180°). Si tiene un transportador, pida a su hijo o hija que le muestre cómo usarlo.

La clase ha avanzado bastante en su Tour mundial. Los estudiantes visitaron África y ahora están viajando por Europa. Están empezando a ver cómo la información numérica acerca de un país les ayuda a conocerlo mejor: su tamaño, clima, ubicación y distribución de población, y a comprender cómo dichas características afectan la manera en que vive la gente. Puede que su hijo o hija quiera contarle acerca de algunos de los países que la clase ha visitado. Anime a su hijo o hija a llevar a la escuela materiales sobre Europa, tales como artículos de revistas, folletos turísticos y artículos de la sección de viajes del periódico.

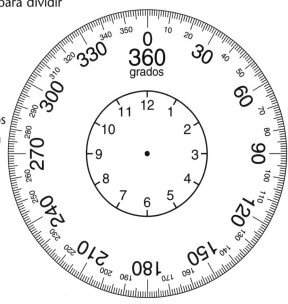

Transportador circular (360°)

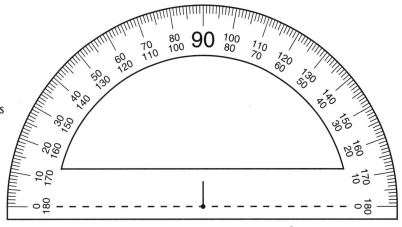

Transportador semicircular (180°)

Por favor, guarde esta Carta a la familia como referencia mientras su hijo o hija trabaja en la Unidad 6.

117

Vocabulario

Términos importantes de la Unidad 6:

ángulo agudo Un ángulo que mide más de 0° y menos de 90°.

ángulo agudo

ángulo llano Un ángulo que mide 180°.

ángulo obtuso Un ángulo que mide más de 90° y menos de 180°.

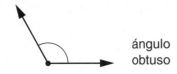

ángulo obtuso

ángulo reflejo Un ángulo que mide más de 180°, pero menos de 360°.

cociente El resultado de dividir un número entre otro. Por ejemplo, en 35 ÷ 5 = 7, el cociente es 7.

cuadrícula de coordenadas (también se la conoce como *gráfica de coordenadas rectangular*) Un marco de referencia que sirve para localizar puntos en un plano usando *pares ordenados de números o coordenadas.*

diagrama de multiplicación y división Un diagrama que se usa para los problemas en los que un total se forma a partir de varios grupos iguales. El diagrama tiene tres partes: un número de grupos, un número en cada grupo y el número total.

filas	sillas por fila	sillas en total
6	4	24

índice de posición Una lista de lugares junto con un marco de referencia para localizarlos en un mapa. Por ejemplo, "Billings D3," indica que Billings se puede hallar dentro del rectángulo donde la columna 3 y la fila D se cruzan en el mapa.

línea de meridianos Un mecanismo en un globo terráqueo que muestra los grados de latitud al norte y al sur del ecuador.

notación de grupos iguales Una manera de indicar un número de grupos iguales. El tamaño del grupo se escribe dentro de corchetes y el número del grupo se escribe delante de los corchetes. Por ejemplo, 3[6] quiere decir 3 grupos con 6 en cada grupo.

par ordenado de números Dos números que se usan para localizar un punto en una *cuadrícula de coordenadas.* El primer número da la posición a lo largo del eje horizontal y el segundo número da la posición a lo largo del eje vertical. Los números de un par ordenado se llaman *coordenadas.* Los pares ordenados casi siempre se escriben entre paréntesis: (2, 3).

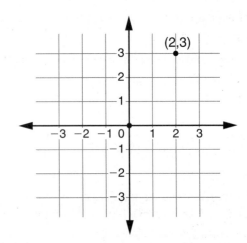

transportador Una herramienta que se usa para medir o trazar ángulos. Un transportador semicircular se puede usar para medir y trazar ángulos de hasta 180°; un transportador circular se puede usar para medir y trazar ángulos de hasta 360°. En la Plantilla de geometría, se puede encontrar un transportador de cada tipo.

vértice El punto de intersección de las semirrectas de un ángulo, los lados de un polígono o las aristas de un poliedro. El plural es vértices.

118

Actividades para hacer en cualquier ocasión

Para trabajar con su hijo o hija sobre los conceptos aprendidos en esta unidad, hagan juntos estas interesantes y provechosas actividades:

1. Ayude a su hijo o hija a practicar la división resolviendo problemas de situaciones cotidianas.

2. Nombre lugares en el globo terráqueo y pida a su hijo o hija que le dé la latitud y longitud de cada uno.

3. Anime a su hijo o hija a que identifique y clasifique ángulos agudos, rectos, obtusos, llanos y reflejos en edificios, puentes y otras estructuras.

4. Trabaje junto con su hijo o hija para construir un mapa, un sistema de coordenadas y el índice de posición de su vecindario.

Desarrollar destrezas por medio de juegos

En la Unidad 6, su hijo o hija practicará la división y los marcos de referencia jugando a los siguientes juegos. Para instrucciones más detalladas, vea el *Libro de consulta del estudiante.*

Maraña de ángulos Vea la página 230 del *Libro de consulta del estudiante.*

Este juego es para dos jugadores que van a necesitar un transportador. El juego ayuda a que los estudiantes practiquen cómo trazar ángulos, hacer estimaciones de sus medidas y medirlos.

División relámpago Vea la página 241 del *Libro de consulta del estudiante.*

Este juego es para uno o dos jugadores. Cada uno necesitará una calculadora. El juego ayuda a los estudiantes a practicar la división y el cálculo mental.

Busca la cuadrícula Vea el Libro de consulta del estudiante, páginas 205 y 251.

Este juego es para dos jugadores, y cada uno necesitará *dos* cuadrículas de juego. El juego ayuda a los estudiantes a practicar el uso del sistema de coordenadas de letras y números y a desarrollar una estrategia de búsqueda.

Formar cuadrados Vea la página 257 del *Libro de consulta del estudiante.*

Este juego es para dos jugadores que necesitarán una cuadrícula de juegos. El juego ayuda a los estudiantes a practicar el uso de pares ordenados de números para ubicar puntos en una cuadrícula rectangular.

Cuando ayude a su hijo o hija a hacer la tarea

Cuando su hijo o hija traiga tareas a casa, lean juntos y clarifiquen las instrucciones cuando sea necesario. Las siguientes respuestas le servirán de guía para usar algunos de los Vínculos con el estudio de esta unidad.

Vínculo con el estudio 6•1

1. 8 filas   **2.** 120,000 plumas   **3.** 21 cajas

Vínculo con el estudio 6•2

1. 38   **2.** 23   **3.** 47

Vínculo con el estudio 6•3

1. 13 canicas, sobran 5   **2.** 72 premios, sobra 0

3. 22 R3   **4.** 53 R3

Vínculo con el estudio 6•4

1. $15\frac{4}{8}$ ó $15\frac{1}{2}$; anotarlo como fracción o decimal; Ejemplo de respuesta: Puedes cortar las fresas que queden en mitades para dividirlas en partes iguales entre 8 personas.

2. 21; ignorarlo; Ejemplo de respuesta: No quedan suficientes bolígrafos para formar otro grupo de 16.

Vínculo con el estudio 6•5

1–7.

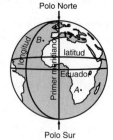

Vínculo con el estudio 6•6

1. >; 101°   **2.** <; 52°

3. >; 144°   **4.** <; 85°

6. 24   **7.** 8 R2   **8.** 157   **9.** 185 R3

Vínculo con el estudio 6•7

1. 60°   **2.** 150°   **3.** 84°   **4.** 105°

5. 32°   **6.** 300°

Vínculo con el estudio 6•8

1.

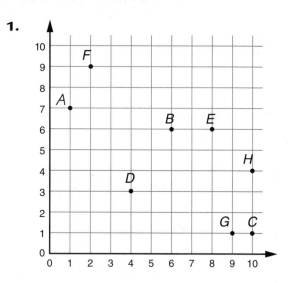

2. K (4,8);   L (7,7);   M (10,5);   N (1,8);   O (6,2);   P (8,4);   Q (10,2);   R (3,10)

Vínculo con el estudio 6•9

1.

2. hemisferio oriental   **3.** agua

4. 15 R2   **5.** 14   **6.** 43 R2   **7.** 134

Vínculo con el estudio 6•10

1. 8 jarros; no sobra ninguna naranja

2. 22 ramos; sobran 8 flores

3. 45 R6   **4.** 69   **5.** 180

6. 2,233   **7.** 1,827   **8.** 16,287

120

VÍNCULO CON EL ESTUDIO 6·1 | **Historias de multiplicación y división**

Completa cada Diagrama de multiplicación y división. Luego, escribe un modelo numérico. Asegúrate de incluir una unidad en tu respuesta.

1. Trung quiere reacomodar su colección de 72 animales en un estante del cuarto. ¿Cuántas filas iguales de 9 animales cada una puede hacer?

filas	animales por fila	animales en total

Modelo numérico: _____

Respuesta: _____

2. Un puerco espín típico tiene alrededor de 30,000 púas. ¿Aproximadamente cuántas púas tendrían 4 puerco espines?

puerco espines	púas por puerco espín	púas en total

Modelo numérico: _____

Respuesta: _____

3. Hay 168 calculadoras para los estudiantes de la Escuela Madison. Una caja contiene 8 calculadoras. ¿Cuántas cajas se necesitan para guardar todas las calculadoras?

cajas	calculadoras por caja	calculadoras en total

Modelo numérico: _____

Respuesta: _____

Practica

4. _____ = 6.17 + 8.77   **5.** _____ = 12.13 − 4.44

VÍNCULO CON EL ESTUDIO
6·2

Problemas de división de grupos iguales

Para los problemas 1 a 3, completa la lista de múltiplos de 10 si piensas que te será de ayuda. Si prefieres resolver el problema de otra manera, muestra tu trabajo.

1. El centro comunal compró 228 jugos para un picnic. ¿A cuántos paquetes de 6 equivale?

10 [números 6] = _____   Modelo numérico: _____

20 [números 6] = _____   Respuesta: _____ paquetes de 6

30 [números 6] = _____

40 [números 6] = _____

50 [números 6] = _____

2. Hay 8 niñas en cada equipo de básquetbol. En la liga, las niñas suman 184. ¿Cuántos equipos hay?

10 [números 8] = _____   Modelo numérico: _____

20 [números 8] = _____   Respuesta: _____ equipos

30 [números 8] = _____

40 [números 8] = _____

50 [números 8] = _____

3. ¿Cuántos números 3 hay en 142?

10 [números 3] = _____   Modelo numérico: _____

20 [números 3] = _____   Respuesta: _____

30 [números 3] = _____

40 [números 3] = _____

50 [números 3] = _____

Practica

4. _____ = 661 * 4   **5.** 13 * 96 = _____   **6.** _____ = 59 * 82

123

VÍNCULO CON EL ESTUDIO 6·3

División

1. Bernardo dividió una bolsa de 83 canicas en partes iguales entre cinco amigos y él. ¿Cuántas canicas le tocaron a cada uno?

Modelo numérico: _____

Respuesta: _____ canicas

¿Cuántas canicas sobran?

_____ canicas

2. La comisión de la feria tiene 360 premios pequeños para repartir en partes iguales entre 5 puestos. ¿Cuántos premios le corresponderán a cada uno?

Modelo numérico: _____

Respuesta: _____ premios

¿Cuántos premios sobran?

_____ premios

3. $4\overline{)91}$ Respuesta: _____

4. 427 / 8   Respuesta: _____

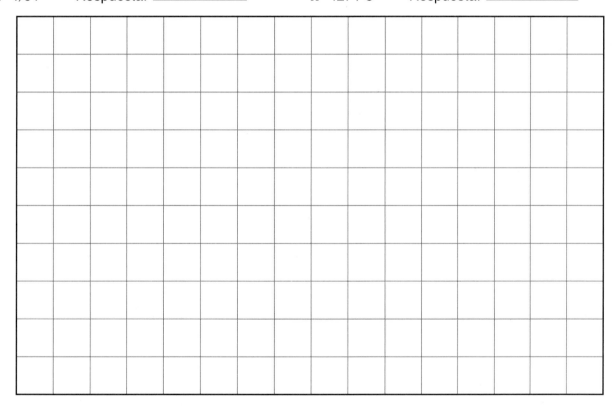

Practica

5. _____ = 34.96 + 1.58

6. _____ = 300.2 + 2.378

7. 43.27 − 12.67 = _____

8. 74.6 − 31.055 = _____

Interpretar residuos

1. La Sra. Patel llevó una caja de 124 fresas a la fiesta. Quiere dividir las fresas en partes iguales entre 8 personas. ¿Cuántas fresas recibirá cada persona?

Dibujo:

Modelo numérico: _____

Respuesta: _____ fresas

¿Qué hiciste con el residuo? Encierra la respuesta en un círculo.

A. Lo ignoraste

B. Lo tomaste como fracción o decimal

C. Redondeaste la respuesta

¿Por qué?

_____

_____

_____

2. El Sr. Chew tiene una caja de 348 bolígrafos. Le pide a Maurice que divida los bolígrafos en grupos de 16. ¿Cuántos grupos podrá formar Maurice?

Dibujo:

Modelo numérico: _____

Respuesta: _____ grupos

¿Qué hiciste con el residuo? Encierra la respuesta en un círculo.

A. Lo ignoraste

B. Lo tomaste como fracción o decimal

C. Redondeaste la respuesta

¿Por qué?

_____

_____

_____

Practica

3. $68 \div 7 =$ _____

4. _____ $= 74 \div 4$

5. $\dfrac{468}{9} =$ _____

6. $3\overline{)95} =$ _____

VÍNCULO CON EL ESTUDIO
6·5

A la caza del tesoro

Marge y sus amigos están jugando A la caza del tesoro. Ayúdalos a encontrar el tesoro. Sigue las instrucciones. Dibuja un camino del roble al tesoro y marca el lugar donde está enterrado.

1. Empieza en el punto bajo el roble; ponte de cara al norte. Camina 4 pasos.

2. Da un cuarto de vuelta en el sentido de las manecillas del reloj. Camina 5 pasos.

3. Ponte de cara al sur. Camina 2 pasos.

4. Ponte de cara al este. Camina $2\frac{1}{2}$ pasos.

5. Da $\frac{3}{4}$ de vuelta en el sentido de las manecillas del reloj. Camina 5 pasos.

6. Da $\frac{3}{4}$ de vuelta en el sentido de las manecillas del reloj. Camina $6\frac{1}{2}$ pasos.

7. Haz una X para marcar el lugar donde terminaste.

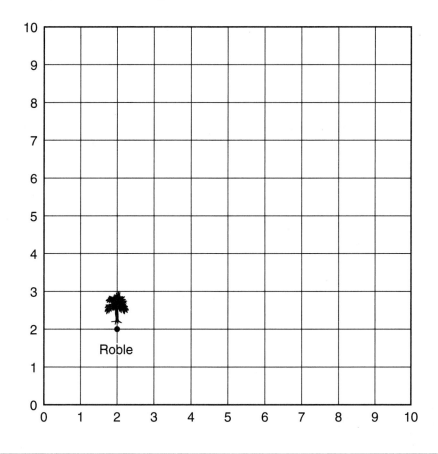

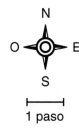

Practica

8. $88 \div 3 =$ _____

9. _____ $= 71 \div 6$

10. _____ $= 603 / 7$

11. $934 / 5 =$ _____

129

Medir ángulos

Primero haz una estimación y luego usa tu transportador circular para medir cada ángulo.

1. Este ángulo es _____ (>, <) 90°.

∠G: _____ °

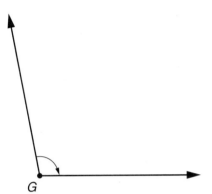

2. Este ángulo es _____ (>, <) 90°.

∠H: _____ °

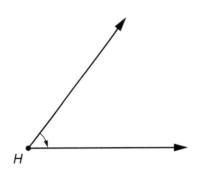

3. Este ángulo es _____ (>, <) 90°.

∠I: _____ °

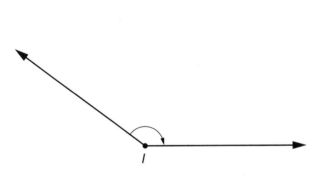

4. Este ángulo es _____ (>, <) 90°.

∠J: _____ °

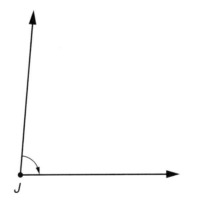

Inténtalo

5. En el reverso de esta página, dibuja y rotula ángulos con las siguientes medidas de grados.

∠ABC   78°   ∠DEF   145°   ∠GHI   213°   ∠JKL   331°

Practica

6. _____ = 96 ÷ 4

7. 66 ÷ 8 = _____

8. _____ = 314 ÷ 2

9. 928 ÷ 5 = _____

131

**VÍNCULO CON EL ESTUDIO
6·7**

Medir ángulos con un transportador

Primero estima si los ángulos miden más o menos de 90°. Luego usa un transportador semicircular para medirlos.

1. ∠A: _____

2. ∠B: _____

3. ∠C: _____

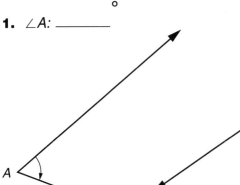
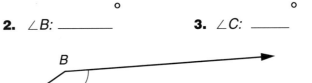

Inténtalo

4. ∠QRS: _____

5. ∠NOP: _____

6. ∠KLM: _____

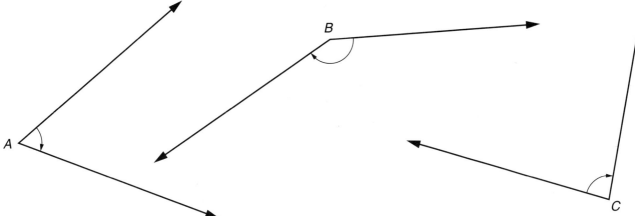
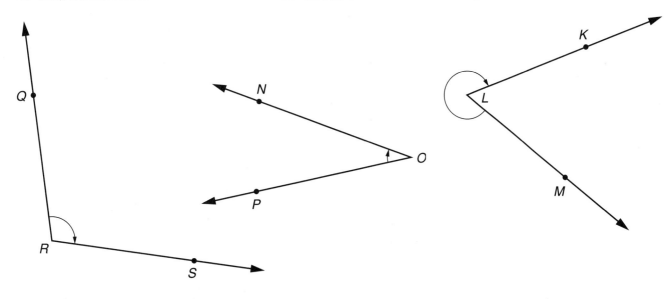

Practica

7. 93 * 6 = _____

8. _____ = 547 * 7

9. _____ = 48 * 39

10. 51 * 64 = _____

VÍNCULO CON EL ESTUDIO 6·8

Gráfica de coordenadas

1. Traza y rotula cada uno de los puntos en la gráfica de coordenadas.

A (1,7)

B (6,6)

C (10,1)

D (4,3)

E (8,6)

F (2,9)

G (9,1)

H (10,4)

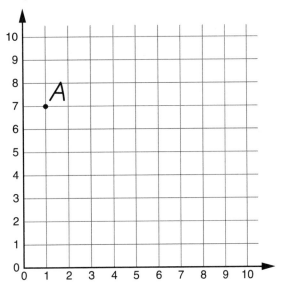

2. Escribe el par ordenado de números para cada uno de los puntos que están en la gráfica de coordenadas.

I (_5_ , _3_)

J (_7_ , _2_)

K (___ , ___)

L (___ , ___)

M (___ , ___)

N (___ , ___)

O (___ , ___)

P (___ , ___)

Q (___ , ___)

R (___ , ___)

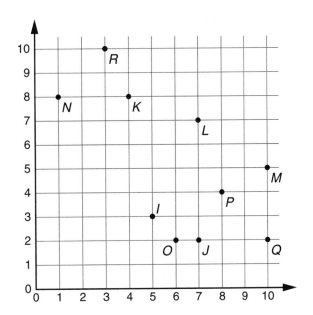

Practica

3. $28 * 7 =$ _____

4. $304 * 5 =$ _____

5. _____ $= 52 * 89$

6. _____ $= 43 * 36$

Nombre _____ Fecha _____ Hora _____

VÍNCULO CON EL ESTUDIO 6·9 — Latitud y longitud

Usa el *Libro de consulta del estudiante* como ayuda para completar este Vínculo con el estudio. Lee los ejemplos y estudia las figuras que están en las páginas 272 y 273.

1. Haz lo siguiente en el dibujo del globo terráqueo.

   a. Rotula los polos norte y sur.

   b. Marca y rotula el ecuador.

   c. Rotula el primer meridiano.

   d. Marca y rotula una línea de latitud que esté al norte del ecuador.

   e. Marca y rotula una línea de longitud que esté al oeste del primer meridiano.

   f. Marca un punto que esté tanto en el hemisferio sur como en el hemisferio oriental. Rotúlalo *A*.

   g. Marca un punto que esté en el hemisferio norte y en el hemisferio occidental. Rotúlalo *B*.

2. En la figura que está arriba se muestra todo el continente de África. ¿La mayor parte de este continente está en el hemisferio occidental o en el oriental?

_____

3. ¿Dónde se cruzan el ecuador y el primer meridiano? ¿En agua o en tierra? _____

Practica

4. _____ = 47 / 3

5. 7)‾98‾ _____

6. 217 ÷ 5 = _____

7. _____ = 804 / 6

137

VÍNCULO CON EL ESTUDIO 6·10 | **División**

1. Se necesitan 14 naranjas para llenar de jugo un jarro pequeño. Annette tiene 112 naranjas. ¿Cuántos jarros de jugo puede llenar?

   Modelo numérico: _____

   Respuesta: _____ jarros de jugo

   ¿Cuántas naranjas sobran? _____ naranjas

2. Cada ramo está formado por 17 flores. El florista tiene 382 flores en su tienda. ¿Cuántos ramos puede hacer?

   Modelo numérico: _____

   Respuesta: _____ ramos

   ¿Cuántas flores sobran? _____ flores

3. $726 \div 16 =$ _____

4. $4\overline{)276}$ _____

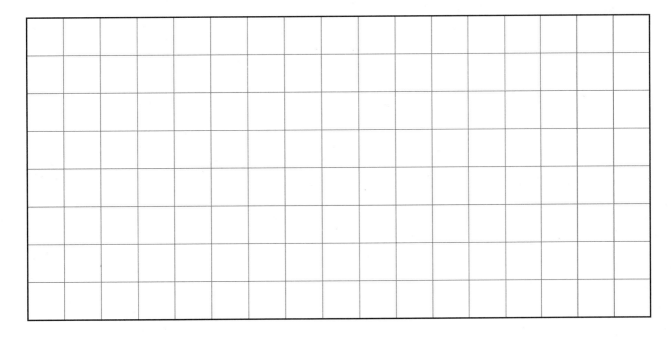

Practica

5. $45 * 4 =$ _____

6. _____ $= 319 * 7$

7. _____ $= 29 * 63$

8. $89 * 183 =$ _____

139

Unidad 7: Carta a la familia

Las fracciones y sus usos; la posibilidad y la probabilidad

Una de las nociones más importantes de las matemáticas es el concepto de que a un número se le puede dar nombre de diferentes maneras. Por ejemplo, una tienda puede anunciar un artículo a la $\frac{1}{2}$ de su precio original o a un 50% de descuento; ambos quieren decir lo mismo. Mucho de lo que su hijo o hija aprenderá en las matemáticas implica buscar nombres equivalentes para los números.

Hace unas semanas, la clase estudió los decimales, como una manera de dar nombres a números que

están entre números enteros. Las fracciones cumplen el mismo propósito. Después de repasar el significado y los usos de las fracciones, los estudiantes explorarán las fracciones equivalentes: fracciones que tienen el mismo valor, como $\frac{1}{2}$, $\frac{2}{4}$, $\frac{3}{6}$, etc. Así, como en anteriores trabajos con fracciones, los estudiantes manejarán objetos concretos y mirarán imágenes, porque primero necesitan "ver" las fracciones para poder entenderlas.

Una taza de medir que muestra incrementos en fracciones

Las fracciones también se usan para expresar la posibilidad de que un evento ocurra. Por ejemplo, si lanzamos una moneda, decimos que $\frac{1}{2}$ de las veces caerá con la cara hacia arriba. La rama de las matemáticas que trata de la posibilidad se llama **probabilidad.** Su hijo o hija empezará a estudiar la probabilidad haciendo experimentos sencillos.

Por favor, guarde esta Carta a la familia como referencia mientras su hijo o hija trabaja en la Unidad 7.

Vocabulario

Términos importantes de la Unidad 7:

caja del "entero" En *Matemáticas diarias*, una caja en la que los estudiantes escriben el nombre del entero (o UNIDAD).

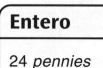

Entero

24 pennies

denominador El número que está bajo la línea de una fracción. En una fracción donde el entero se divide en partes iguales, el denominador representa el número de partes iguales entre las cuales se divide el entero (o UNIDAD). En la fracción $\frac{a}{b}$, *b* es el denominador.

$$\frac{5}{9} \qquad 5/9$$
└─denominador─┘

entero (o UNIDAD o uno) El objeto entero, la colección de objetos o la cantidad que se considera; la UNIDAD; el 100%.

fracciones equivalentes Fracciones con denominadores diferentes que dan nombre a la misma cantidad. Por ejemplo, $\frac{1}{2}$ y $\frac{4}{8}$ son fracciones equivalentes.

juego limpio Un juego en el que cada jugador tiene las mismas posibilidades de ganar.

limpio (moneda, dado o rueda giratoria) Un recurso sin predisposición. Cada lado de un dado limpio o de una moneda limpia saldrá aproximadamente con la misma frecuencia. Cada sección de una rueda giratoria limpia saldrá en proporción a su área.

Un dado tiene seis caras. Si el dado es limpio, cada cara tiene las mismas posibilidades de salir.

numerador El número situado sobre la línea en una fracción. En una fracción donde el entero (o UNIDAD) se divide entre un número de partes iguales, el numerador representa el número de partes iguales que se considera. En la fracción $\frac{a}{b}$, *a* es el numerador.

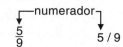

$$\frac{5}{9} \qquad 5/9$$

número mixto Un número que se escribe usando un número entero y una fracción. Por ejemplo, $2\frac{1}{4}$ es un número mixto igual a $2 + \frac{1}{4}$.

probabilidad Un número entre 0 y 1 que se usa para expresar la posibilidad de que ocurra un suceso. Cuanto más cercana a 1 sea la probabilidad, mayor es la posibilidad de que ocurra el suceso.

resultados con las mismas posibilidades o igualmente probables Si cada uno de los resultados posibles para un experimento o una situación tienen las mismas posibilidades de ocurrir, se dice que los resultados tienen las mismas posibilidades o que son igualmente probables. Por ejemplo, cuando se lanza una moneda, existe la misma posibilidad de que salga cara o cruz, por lo cual las caras y las cruces son resultados igualmente probables.

Actividades para hacer en cualquier ocasión

Para trabajar con su hijo o hija sobre los conceptos aprendidos en esta unidad, hagan juntos estas interesantes y provechosas actividades:

1. Pida a su hijo o hija que busque usos cotidianos de fracciones, como productos comestibles, talles de ropa, libros de cocina, tazas y cucharas para medir y estadísticas en los periódicos y en la televisión.

2. Anime a su hijo o hija a expresar números, cantidades y medidas, como un cuarto de hora, un cuarto de galón de jugo de naranja, una docena de huevos y una pinta de leche.

3. Cuando compre alimentos, ayude a su hijo o hija a comparar los precios en los estantes o a calcular los precios de las unidades. Ayude a su hijo o hija a tomar decisiones acerca de cuál es la "mejor compra". Si tiene una calculadora, deje que su hijo o hija la lleve a la tienda.

4. Pida a su hijo o hija que busque usos de las probabilidades en la vida diaria en juegos, deportes e informes del tiempo. Pídale que haga una lista de sucesos que nunca podrían ocurrir, que podrían ocurrir y que seguramente ocurrirán.

Desarrollar destrezas por medio de juegos

En esta unidad, su hijo o hija reforzará su comprensión de las fracciones y la probabilidad con los siguientes juegos. Para instrucciones más detalladas, vea el *Libro de consulta del estudiante*.

Posibilidades Vea las páginas 236 y 237 del *Libro de consulta del estudiante*.
Este juego es para 2 jugadores y requiere un juego completo de las Tarjetas de sucesos de *Posibilidades* y otro juego de las Tarjetas de probabilidad de *Posibilidades*. El juego desarrolla la destreza de utilizar el vocabulario de las probabilidades para describir la probabilidad de que ocurra un suceso.

Parejas de fracciones Vea el *Libro de consulta del estudiante*, página 243.
Este juego es para 2 a 4 jugadores y requiere una baraja de tarjetas de *Parejas de fracciones*. El juego desarrolla la destreza de nombrar fracciones equivalentes.

Fracción de Vea las páginas 244 y 245 del *Libro de consulta del estudiante*.
Este juego es para dos jugadores y requiere un juego de Tarjetas de fracciones y uno de Tarjetas de conjuntos del juego. El juego desarrolla la destreza de encontrar la fracción de un número.

Supera la fracción Vea el *Libro de consulta del estudiante*, página 247.
Este juego es para 2 a 4 jugadores y requiere un juego de 32 Tarjetas de fracciones. Este juego desarrolla la destreza de comparar fracciones.

Llegar a uno Vea la página 248 del *Libro de consulta del estudiante*.
Éste es un juego para 2 jugadores y requiere una calculadora. El juego desarrolla la destreza de hacer estimaciones.

Una bolsa de sorpresas Vea el *Libro de consulta del estudiante*, página 249.
Este juego es para 2 jugadores o dos equipos de 2 y requiere una baraja de tarjetas de *Una bolsa de sorpresas*. El juego desarrolla la destreza de calcular las probabilidades de que ocurra un suceso.

Cuando ayude a su hijo o hija a hacer la tarea

Cuando su hijo o hija traiga tareas a casa, lean juntos y clarifiquen las instrucciones cuando sea necesario. Las siguientes respuestas le servirán de guía para usar algunos de los Vínculos con el estudio de esta unidad.

Vínculo con el estudio 7·2

1. **b.** 4   **c.** 12   **d.** 8   2. 6
3. 12   4. 7   5. 28
6. 10   7. 30   8. 10
9. 12   10. 12   11. $2\frac{1}{2}$
12. 23   13. $19\frac{2}{3}$ 14. 13
15. $41\frac{7}{9}$

Vínculo con el estudio 7·3

1. 50% de probabilidad   2. muy poco probable
4. 5   5. 592   6. 3,948
7. 1,690   8. 16,170

Vínculo con el estudio 7·4

3. 8   4. 0.881   5. 9.845
6. 1.59   7. 0.028

Vínculo con el estudio 7·5

1. Menos de $1.00; 0.75 + 0.10 = 0.85
2. $3\frac{3}{4}$ 3. $\frac{1}{6}$ 4. $2\frac{3}{8}$
5. Ejemplos de respuesta:

$\frac{1}{4} + \frac{1}{4} + \frac{1}{4} + \frac{1}{4} = 1$ $\frac{1}{4} + \frac{3}{12} + \frac{3}{6} = 1$

$\frac{2}{4} + \frac{3}{6} = 1$

6. 8   7. 45   8. 49   9. 22

Vínculo con el estudio 7·6

1. C, F, I   2. B, D   3. E, H   4. A, G
5. $\frac{2}{3}$ 7. $\frac{5}{6}$ 9. $\frac{1}{2}$ 10. $\frac{1}{6}$

Vínculo con el estudio 7·7

5. $23\frac{3}{4}$ 6. 19   7. 42

Vínculo con el estudio 7·8

Ejemplos de respuesta para los ejercicios 1-10:
1. $\frac{2}{10}$; $\frac{1}{5}$; $\frac{20}{100}$ 2. $\frac{6}{10}$; $\frac{3}{5}$; $\frac{60}{100}$
3. $\frac{5}{10}$; $\frac{1}{2}$; $\frac{50}{100}$ 4. $\frac{3}{4}$; $\frac{30}{40}$; $\frac{75}{100}$
5. 0.3   6. 0.63   7. 0.7   8. 0.4
9. 0.70; $\frac{70}{100}$ 10. 0.2; $\frac{2}{10}$ 11. 702   12. 3,227
13. 975

Vínculo con el estudio 7·9

1. >   2. <   3. =
4. =   5. <   6. >
7. Las respuestas variarán.   8. Las respuestas variarán.
9. $\frac{1}{4}$; $\frac{4}{10}$; $\frac{3}{7}$; $\frac{24}{50}$ 10. $\frac{1}{12}$; $\frac{3}{12}$; $\frac{7}{12}$; $\frac{8}{12}$; $\frac{11}{12}$
11. $\frac{1}{50}$; $\frac{1}{20}$; $\frac{1}{5}$; $\frac{1}{3}$; $\frac{1}{2}$ 12. $\frac{4}{100}$; $\frac{4}{12}$; $\frac{4}{8}$; $\frac{4}{5}$; $\frac{4}{4}$
13. 5   14. 100   15. 36

Vínculo con el estudio 7·10

3. 28   4. 27   5. 30   6. 36

Vínculo con el estudio 7·11

3. 29   4. $16\frac{1}{2}$ 5. 105   6. $141\frac{1}{5}$

Vínculo con el estudio 7·12

1. Las respuestas variarán.
2. Las respuestas variarán.
3. Las respuestas variarán.
4. **a.** $\frac{1}{4}$ **b.** $\frac{1}{4}$ **c.** $\frac{1}{2}$
5. Ejemplo de respuesta: Creo que será más o menos la misma fracción para 1,000 veces que para 20.
6. 336   7. 7,866   8. 3,870   9. 4,828

VÍNCULO CON EL ESTUDIO
7·1

Fracciones

1. Divide el círculo en 6 partes iguales.
   Colorea $\frac{5}{6}$ del círculo.

Entero
círculo

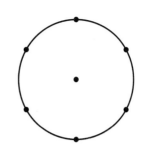

2. Divide el rectángulo en 3 partes iguales.
   Sombrea $\frac{2}{3}$ del rectángulo.

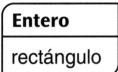

Entero
rectángulo

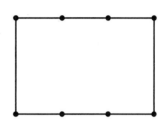

3. Divide cada cuadrado en cuartos.
   Colorea $1\frac{3}{4}$ de los cuadrados.

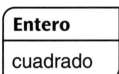

Entero
cuadrado

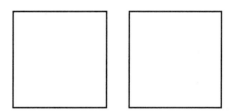

Escribe las fracciones y los números mixtos que faltan en las rectas numéricas.

4.

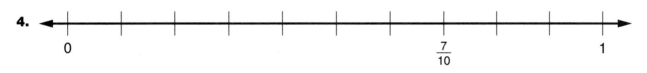

0 .... $\frac{7}{10}$ 1

5.

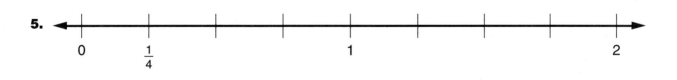

0 ... $\frac{1}{4}$ 1 2

Practica

6. $854 + 267 =$ _____

7. _____ $= 3{,}398 + 2{,}635$

8. _____ $= 6{,}374 - 755$

9. $5{,}947 - 3{,}972 =$ _____

145

VÍNCULO CON EL ESTUDIO
7·2

Problemas de "fracción de"

1. Theresa tenía 24 galletas. Dio $\frac{1}{6}$ a su hermana y $\frac{3}{6}$ a su madre.

Entero

a. Completa la caja del "entero".

b. ¿Cuántas galletas dio a su hermana? _____ galletas

c. ¿Cuántas dio a su madre? _____ galletas

d. ¿Cuántas le quedaron? _____ galletas

Resuelve.

2. $\frac{1}{3}$ de 18 = _____ **3.** $\frac{2}{3}$ de 18 = _____ **4.** $\frac{1}{5}$ de 35 = _____

5. $\frac{4}{5}$ de 35 = _____ **6.** $\frac{1}{4}$ de 40 = _____ **7.** $\frac{3}{4}$ de 40 = _____

Inténtalo

8. $\frac{5}{8}$ de 16 = _____ **9.** $\frac{4}{9}$ de 27 = _____ **10.** $\frac{3}{5}$ of 20 = _____

11. ¿Cuánto es $\frac{1}{4}$ de 10? _____ Explica. _____

_____

_____

Practica

12. 92 ÷ 4 = _____ **13.** 59 / 3 = _____

14. _____ = 104 / 8 **15.** $9\overline{)376}$ = _____

VÍNCULO CON EL ESTUDIO 7·3 | **Losas de colores**

En una bolsa, hay 5 losas azules, 2 rojas, 1 amarilla y 2 verdes.

1. Sin mirar, Maren toma una de las losas de la bolsa. ¿Cuál de las siguientes afirmaciones se acerca más a las posibilidades que tiene de sacar una losa azul?

(A) Es probable

(B) Tiene un 50% de probabilidad

(C) Es poco probable

(D) Es muy poco probable

2. ¿Cuál de las siguientes afirmaciones se acerca más a las posibilidades que tiene de sacar una losa amarilla?

(A) Es seguro

(B) Es probable

(C) Tiene un 50% de probabilidad

(D) Es muy poco probable

3. Halla la probabilidad de que ocurra cada uno de los siguientes sucesos. Luego inventa uno y halla la probabilidad de que ocurra.

Suceso	Resultados favorables	Resultados posibles	Probabilidad
Sacar una losa azul	5	10	$\frac{5}{10}$
Sacar una losa roja		10	$\frac{\Box}{10}$
Sacar una losa amarilla		10	$\frac{\Box}{10}$
Sacar una losa verde		10	$\frac{\Box}{10}$
Sacar una losa azul, roja o verde		10	$\frac{\Box}{10}$
		10	$\frac{\Box}{10}$

4. Imagina que sacas 10 losas de color de la bolsa. Luego de sacarlas, vuelves a ponerlas en la bolsa. ¿Cuántas veces esperarías que salga una losa azul?

_____ veces

Haz el experimento y compara tu predicción con los resultados reales.

Practica

5. $74 * 8 =$ _____

6. _____ $= 4 * 987$

7. _____ $= 65 * 26$

8. $35 * 462 =$ _____

149

VÍNCULO CON EL ESTUDIO
7·4

Dividir cuadrados

Usa el reglón y los siguientes puntos como ayuda para dividir cada uno
de los cuadrados en partes iguales.

Ejemplo: Los cuadrados A, B, C y D se dividen por la mitad de distintas maneras.

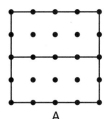 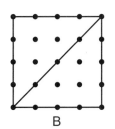 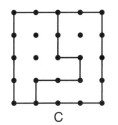 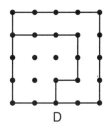

A   B   C   D

1. El cuadrado E está dividido en cuartos. Divide los cuadrados F, G y H en cuartos,
cada uno de distinta manera.

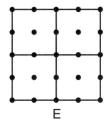 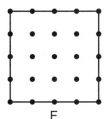 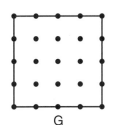 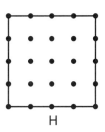

E   F   G   H

2. El cuadrado I está dividido en octavos. Divide los cuadrados J, K y L en octavos,
cada uno de distinta manera.

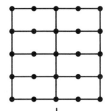 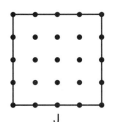 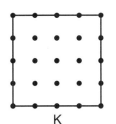 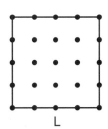

I   J   K   L

3. Rosa tiene 15 *quarters* y 10 *nickels*. Compra jugo en una tienda para ella y sus
amigos. La lata de jugo cuesta 35 centavos. Da al vendedor $\frac{2}{3}$ de los *quarters* y
$\frac{3}{5}$ de los *nickels* y no obtiene ningún cambio.

¿Cuántas latas de jugo compró? _____ latas

Muestra tu trabajo en el reverso de esta página.

_____

Practica

4. $0.636 + 0.245 =$ _____   **5.** _____ $= 9.085 + 0.76$

6. _____ $= 1.73 - 0.14$ **7.** $0.325 - 0.297 =$ _____

151

Nombre _____ Fecha _____ Hora _____

VÍNCULO CON EL ESTUDIO 7·5 | **Fracciones**

1. Jake tiene $\frac{3}{4}$ de dólar. Maxwell tiene $\frac{1}{10}$ de dólar.
Entre los dos, ¿tienen más o menos de $1.00? _____

Modelo numérico: _____

2. Jillian dibuja un segmento de recta de $2\frac{1}{4}$ pulgadas de
longitud. Después, hace el segmento de recta $1\frac{1}{2}$ pulgadas
más largo. ¿Qué longitud tiene el segmento de recta ahora? _____ pulgadas

$2\frac{1}{4}$ pulg $1\frac{1}{2}$ pulg

3. Cortaron una pizza en 6 porciones.
Benjamin comió $\frac{1}{3}$ de pizza y Dana
comió $\frac{1}{2}$. ¿Qué fracción de pizza quedó? _____

4. Rafael dibujó un segmento de recta de
$2\frac{7}{8}$ pulgadas de longitud. Después, borró
$\frac{1}{2}$ pulgada. ¿Qué longitud tiene el
segmento de recta ahora? _____ pulgadas

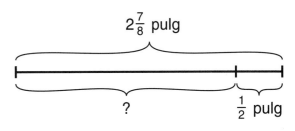

$2\frac{7}{8}$ pulg

? $\frac{1}{2}$ pulg

5. Dos hexágonos juntos forman un entero. Dibuja segmentos de recta para dividir
cada entero en trapecios, rombos y triángulos. Escribe un modelo numérico para
mostrar cómo las partes forman el entero.

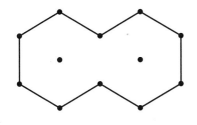   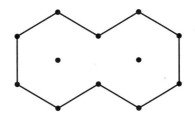   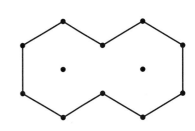

_____   _____   _____

Practica

6. $\frac{1}{4}$ de 32 = _____

7. _____ = $\frac{9}{10}$ de 50

8. $\frac{7}{8}$ de 56 = _____

9. _____ = $\frac{11}{12}$ de 24

153

Muchos nombres para las fracciones

Escribe las letras de los dibujos que representan cada fracción.

1. $\frac{1}{2}$ _C,_ _____

2. $\frac{3}{4}$ _____

3. $\frac{4}{5}$ _____

4. $\frac{2}{3}$ _____

A

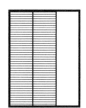

B

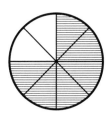

C

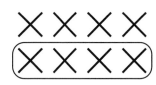

D

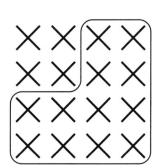

E

F

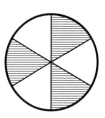

G

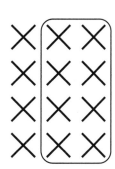

H

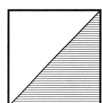

I

Practica

5. _____ $= \frac{1}{6} + \frac{3}{6}$

6. $\frac{2}{4} + \frac{1}{4} =$ _____

7. $\frac{1}{2} + \frac{2}{6} =$ _____

8. $\frac{5}{6} - \frac{2}{6} =$ _____

9. $\frac{3}{4} - \frac{1}{4} =$ _____

10. $\frac{1}{3} - \frac{1}{6} =$ _____

155

VÍNCULO CON EL ESTUDIO
7·7

Cajas de coleccionar nombres de fracciones

En cada caja de coleccionar nombres:

Escribe el número que falta en cada fracción para que ésta pertenezca a la caja. Escribe una fracción más que pueda ir en cada caja.

1.

$\frac{1}{2}$

$\frac{\square}{4}$

$\frac{5}{\square}$

$\frac{10}{\square}$

$\frac{\square}{18}$

2.

$\frac{2}{3}$

$\frac{\square}{9}$

$\frac{12}{\square}$

$\frac{20}{\square}$

$\frac{\square}{12}$

3.

$\frac{1}{4}$

$\frac{\square}{12}$

$\frac{5}{\square}$

$\frac{10}{\square}$

$\frac{\square}{100}$

4. Crea tus propios problemas con cajas de coleccionar nombres como los anteriores. Pide a un amigo que los resuelva y luego comprueba su trabajo.

a.

b.

Practica

5. _____ = 95 / 4 **6.** 57 ÷ 3 = _____ **7.** _____ = 882 / 21

157

VÍNCULO CON EL ESTUDIO
7·8

Fracciones y decimales

Escribe 3 fracciones equivalentes para cada decimal.

Ejemplo:

0.8 $\dfrac{8}{10}$ $\dfrac{4}{5}$ $\dfrac{80}{100}$

1. 0.20   _____   _____   _____

2. 0.6   _____   _____   _____

3. 0.50   _____   _____   _____

4. 0.75   _____   _____   _____

Escribe un decimal equivalente para cada fracción.

5. $\dfrac{3}{10}$ _____   **6.** $\dfrac{63}{100}$ _____   **7.** $\dfrac{7}{10}$ _____   **8.** $\dfrac{2}{5}$ _____

9. Sombrea más de $\dfrac{53}{100}$ y menos de $\dfrac{8}{10}$ del cuadrado.
Escribe el valor de la parte sombreada como decimal
y como fracción.

Decimal: _____

Fracción: _____

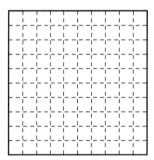

10. Sombrea más de $\dfrac{11}{100}$ y menos de $\dfrac{1}{4}$ del cuadrado.
Escribe el valor de la parte sombreada como decimal
y como fracción.

Decimal: _____

Fracción: _____

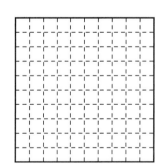

Practica

11. _____ = 78 * 9   **12.** 461 * 7 = _____   **13.** _____ = 39 * 25

Nombre _____ Fecha _____ Hora _____

Comparar y ordenar fracciones

Escribe <, > ó = para que cada oración numérica sea verdadera.

1. $\frac{5}{6}$ _____ $\frac{1}{6}$

2. $\frac{3}{10}$ _____ $\frac{3}{4}$

3. $\frac{2}{3}$ _____ $\frac{10}{15}$

4. $\frac{10}{40}$ _____ $\frac{4}{16}$

5. $\frac{4}{9}$ _____ $\frac{7}{9}$

6. $\frac{5}{6}$ _____ $\frac{5}{8}$

7. Explica cómo resolviste el problema 1. _____

_____

8. Explica cómo resolviste el problema 2. _____

_____

9. Encierra en un círculo cada fracción menor que $\frac{1}{2}$.

$\frac{7}{8}$ $\frac{1}{4}$ $\frac{4}{10}$ $\frac{7}{12}$ $\frac{5}{9}$ $\frac{3}{7}$ $\frac{24}{50}$ $\frac{67}{100}$

Escribe las fracciones en orden de menor a mayor.

10. $\frac{3}{12}$, $\frac{7}{12}$, $\frac{1}{12}$, $\frac{11}{12}$, $\frac{8}{12}$ _____ _____ _____ _____ _____
menor   mayor

11. $\frac{1}{5}$, $\frac{1}{3}$, $\frac{1}{20}$, $\frac{1}{2}$, $\frac{1}{50}$ _____ _____ _____ _____ _____
menor   mayor

12. $\frac{4}{5}$, $\frac{4}{100}$, $\frac{4}{4}$, $\frac{4}{8}$, $\frac{4}{12}$ _____ _____ _____ _____ _____
menor   mayor

Practica

13. $\frac{1}{6}$ de 30 = _____

14. $\frac{3}{4}$ de _____ = 75

15. $\frac{4}{5}$ de 45 = _____

161

VÍNCULO CON EL ESTUDIO
7·10 | **¿Cuál es la UNIDAD?**

Para los problemas 1 y 2, usa la Plantilla de geometría o dibuja las figuras.

1. Imagina que [ ] es $\frac{1}{4}$. Dibuja cada uno de los siguientes:

Ejemplo: $\frac{3}{4}$ **a.** 1   **b.** $1\frac{1}{2}$ **c.** 2

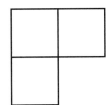

2. Imagina que ◇ es $\frac{2}{3}$. Dibuja cada uno de los siguientes:

a. $\frac{1}{3}$ **b.** 1   **c.** $\frac{4}{3}$ **d.** 2

Usa fichas para resolver los siguientes problemas.

3. Si 14 fichas son $\frac{1}{2}$, ¿cuál es la UNIDAD?

_____ fichas

4. Si 9 fichas son $\frac{1}{3}$, ¿cuál es la UNIDAD?

_____ fichas

5. Si 12 fichas son $\frac{2}{5}$, ¿cuál es la UNIDAD? _____ fichas

6. Si 16 fichas son $\frac{4}{9}$, ¿cuál es la UNIDAD? _____ fichas

---

Practica

7. _____ $= \frac{1}{4} + \frac{1}{2}$ **8.** $\frac{1}{3} + \frac{1}{6} =$ _____

9. $\frac{3}{4} - \frac{1}{4} =$ _____   **10.** _____ $= \frac{5}{6} - \frac{1}{3}$

163

Nombre _____ Fecha _____ Hora _____

VÍNCULO CON EL ESTUDIO 7·11 | Ruedas giratorias y fracciones

1. Haz tu propia rueda giratoria con todos los colores que quieras. Usa un lápiz hasta que estés satisfecho con tu trabajo y luego colorea la rueda.

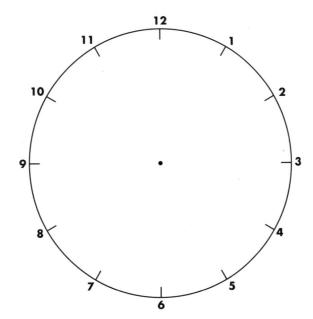

2. Describe tu rueda.

a. Las posibilidades de que el clip caiga en _____ son _____ sobre _____.
(color)

b. El clip tiene _____ posibilidades de caer en _____.
(color)

c. Es improbable que el clip caiga en _____.
(color)

d. Tiene _____ veces la posibilidad de caer en _____ que en _____.
(color) (color)

e. Es más probable que caiga en _____ que en _____.
(color) (color)

Practica

3. _____ = 87 ÷ 3

4. 6)‾99‾ = _____

5. 945 / 9 = _____

6. 706 ÷ 5 = _____

165

VÍNCULO CON EL ESTUDIO 7·11 — Plano de una cocina

Se necesitarán las páginas 235 y 236 para completar la Lección 8.1 de la siguiente unidad. Por favor, completa las páginas y devuélvelas a la escuela.

Toda cocina necesita una estufa, un fregadero y una heladera. Observa la ubicación de la estufa, el fregadero y la heladera en la cocina de abajo. El triángulo muestra la zona de trabajo de la cocina. Al caminar de la estufa al fregadero y a la heladera se forma un "triángulo" invisible en el piso.

Vista de frente de la cocina

Vista aérea de la cocina
(se ven los componentes
y las mesadas desde arriba)

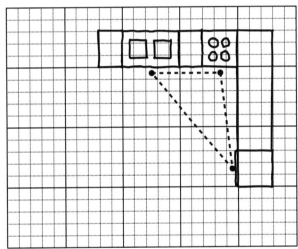

El lado de un cuadrado representa 1 pie.

1. Pon una moneda u otra ficha en el piso frente a tu fregadero, una frente a tu estufa y una frente a tu heladera.

2. Mide la distancia entre cada par de fichas. Usa pies y pulgadas y anota las medidas abajo.

Distancia entre

a. estufa y heladera   Cerca de _____ pies _____ pulgadas

b. heladera y fregadero   Cerca de _____ pies _____ pulgadas

c. fregadero y estufa   Cerca de _____ pies _____ pulgadas

167

VÍNCULO CON EL ESTUDIO
7·11

Plano de una cocina, *cont.*

3. En la cuadrícula de abajo, haz un dibujo que muestre cómo están ubicados la estufa, el fregadero y la heladera en tu cocina.

Tu dibujo debe mostrar una vista aérea de los 3 componentes, incluidas las mesadas.

Si el horno está separado de la estufa, dibuja sólo la estufa.

Usa los siguientes símbolos en tu dibujo:

| estufa | heladera | fregadero | fregadero doble |

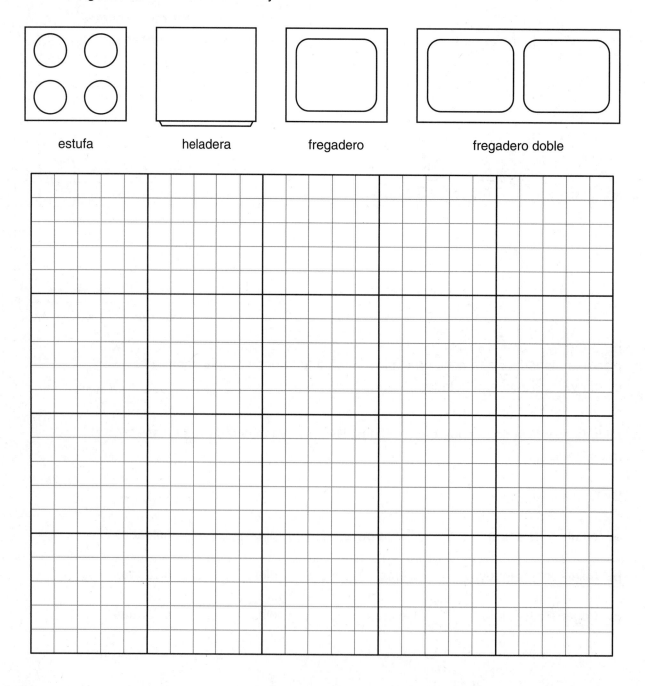

VÍNCULO CON EL ESTUDIO
7·12

¿Qué posibilidad hay?

1. Lanzarás 2 *pennies* 20 veces. ¿Cuántas veces crees que saldrán

   a. 2 caras? _____ veces   **b.** 2 cruces? _____ veces

   c. 1 cara y 1 cruz? _____ veces

2. Ahora lanza los 2 *pennies* juntos 20 veces.
   Anota los resultados en la tabla.

Lanzar un *penny*	
Resultados	**Número de veces**
2 caras	
2 cruces	
1 cara y 1 cruz	

3. ¿En qué fracción de los lanzamientos salieron

   a. 2 caras? _____   **b.** 2 cruces? _____   **c.** 1 cara y 1 cruz? _____

4. Imagina que lanzas las monedas 1,000 veces.
   ¿En qué fracción crees que saldrían

   a. 2 caras? _____   **b.** 2 cruces? _____

   c. 1 cara y 1 cruz? _____

5. Explica cómo obtuviste las respuestas al problema 4.

   _____

   _____

   _____

Practica

6. 7 * 48 = _____   7. 874 * 9 = _____

8. _____ = 45 * 86   9. _____ = 34 * 142

169

Nombre   Fecha   Hora

Unidad 8: Carta a la familia

Perímetro y área

En grados anteriores, su hijo o hija estudió el *perímetro* (la distancia alrededor) y el *área* (cantidad de superficie) de varias figuras geométricas. La siguiente unidad ampliará su comprensión de la geometría al desarrollar y aplicar fórmulas para la superficie de figuras como rectángulos, paralelogramos y triángulos.

Área de un rectángulo

Área = base * altura (o longitud * ancho)

$A = b * h$ (o sea $l * a$)

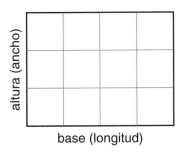

Área de un paralelogramo

Área = base * altura

$A = b * h$

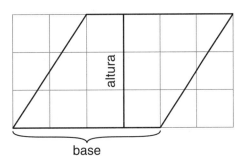

Área de un triángulo

Área $= \frac{1}{2}$ de (base * altura)

$A = \frac{1}{2} * b * h$

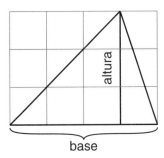

Los estudiantes aprenderán a hacer dibujos a escala y aplicarán su conocimiento del perímetro, el área y el dibujo a escala al analizar la ubicación de los electrodomésticos en sus cocinas y de los muebles en sus habitaciones.

Los estudiantes también calcularán el área de la piel que cubre el cuerpo. Una regla general es que el área de la piel de una persona es más o menos 100 veces el área de un lado de la mano. Pida a su hijo o hija que le demuestre cómo calcular el área de su piel.

El Tour mundial continuará. Los estudiantes examinarán cómo se miden zonas geográficas y las dificultades que presenta tomar medidas exactas. Compararán las áreas de países de América del Sur usando la división para calcular la razón de las áreas.

Por favor, guarde esta Carta a la familia como referencia mientras su hijo o hija trabaja en la Unidad 8.

171

Vocabulario

Términos importantes de la Unidad 8:

ancho La longitud de uno de los lados de un rectángulo u objeto rectangular, por lo general, el lado más corto.

área La cantidad de superficie dentro de un límite bidimensional (plano) cerrado. El área se mide en *unidades cuadradas*, como pulgadas cuadradas o centímetros cuadrados.

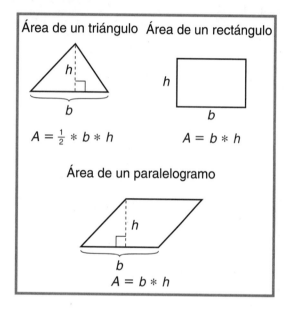

Área de un triángulo   Área de un rectángulo

$A = \frac{1}{2} * b * h$ $A = b * h$

Área de un paralelogramo

$A = b * h$

dibujo a escala Un dibujo de un objeto o una región en el que todas sus partes se dibujan con la misma escala que el objeto original. Los arquitectos y constructores a menudo usan dibujos a escala.

escala La razón de la distancia en un mapa, globo terráqueo, dibujo o modelo, a una distancia real.

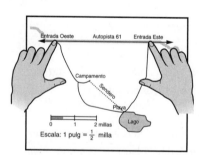

fórmula Una regla general para hallar el valor de algo. Una fórmula generalmente se escribe usando letras, llamadas *variables*, que representan las cantidades que se usan.

longitud La distancia que hay entre dos puntos en una figura unidimensional. La longitud se mide en unidades, como pulgadas, metros y millas.

perímetro La distancia alrededor del borde de una figura bidimensional. El perímetro de un círculo es su circunferencia. El perímetro de un polígono es la suma de las longitudes de sus lados.

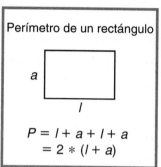

Perímetro de un rectángulo

$P = l + a + l + a$
$= 2 * (l + a)$

perpendicular Que se cruza o une y forma ángulos rectos. Las rectas, las semirrectas, los segmentos de recta y los planos que se cruzan y forman ángulos rectos son perpendiculares. El símbolo ⊥ significa "es perpendicular a", como en "la recta *CD* ⊥ a la recta *AB*". El símbolo ⌐ indica un ángulo recto.

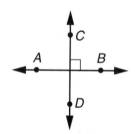

Rectas perpendiculares

unidad cuadrada Una unidad usada para medir áreas. Por ejemplo, un cuadrado que mide una pulgada de lado tiene un área de una pulgada cuadrada.

variable Una letra u otro símbolo que representa un número. Una variable puede representar un número específico o varios números diferentes.

Actividades para hacer en cualquier ocasión

Para trabajar con su hijo o hija sobre los conceptos aprendidos en esta unidad, hagan juntos estas interesantes y provechosas actividades:

1. Pida a su hijo o hija que imagine que es carpintero y que está rediseñando una habitación, por ejemplo, un dormitorio, una cocina o una sala. Pídale que haga una estimación aproximada del área de la habitación. Luego, comprueben la estimación midiendo el área real con una cinta de medir o, de ser posible, el plano.

2. Pida a su hijo o hija que imagine que es arquitecto. Déle algunas dimensiones y requerimientos de espacio específicos para que trabaje. Luego, pídale que diseñe la "casa de sus sueños", "el dormitorio ideal" o un estadio deportivo y que haga un dibujo a escala de ese diseño.

3. Trabaje con su hijo o hija para hacer un dibujo a escala de su vecindario o pídale que haga un dibujo a escala de la planta de su casa o apartamento.

4. Pida a su hijo o hija que compare las áreas de continentes, países, estados o ciudades principales.

Desarrollar destrezas por medio de juegos

En esta unidad, su hijo o hija calculará perímetros y áreas, comparará fracciones, identificará fracciones equivalentes, hallará fracciones de colecciones y calculará las probabilidades esperadas jugando a los siguientes juegos. Para instrucciones más detalladas, vea el *Libro de consulta del estudiante*.

Parejas de fracciones Vea el *Libro de consulta del estudiante*, página 243.
Este juego es para 2 a 4 jugadores y requiere una baraja de tarjetas de *Parejas de fracciones*. El juego ofrece práctica para reconocer fracciones equivalentes.

Fracción de Vea las páginas 244 y 245 del *Libro de consulta del estudiante*.
Este juego es para 2 jugadores y requiere un juego de Tarjetas de fracciones y uno de Tarjetas de conjuntos del juego y un tablero y una hoja de registro de *Fracción de*. El juego ofrece práctica para hallar fracciones de colecciones.

Supera la fracción Vea el *Libro de consulta del estudiante*, página 247.
Este juego, para 2 a 4 jugadores, requiere una baraja de Tarjetas de fracciones 1 y 2. Este juego ofrece práctica para comparar fracciones.

Una bolsa de sorpresas Vea el *Libro de consulta del estudiante*, página 249.
Este juego es para 2 jugadores o dos equipos de 2 y requiere una baraja de tarjetas de *Una bolsa de sorpresas*, dos hojas de registro del juego y 3 dados de 6 lados. El juego ofrece práctica con la sustitución de variables y para calcular las probabilidades de que ocurra un suceso.

Alfombras y cercos Vea el *Libro de consulta del estudiante*, páginas 260 y 261.
Éste es un juego para 2 jugadores y requiere una baraja de cartas poligonales de *Alfombras y cercos* y otra baraja de área y perímetro. El juego ofrece práctica para encontrar y comparar el área y el perímetro de polígonos.

Cuando ayude a su hijo o hija a hacer la tarea

Cuando su hijo o hija traiga tareas a casa, lean juntos y clarifiquen las instrucciones cuando sea necesario. Las siguientes respuestas le servirán de guía para usar algunos de los Vínculos con el estudio de esta unidad.

Vínculo con el estudio 8·1

1. 17 pies   **2.** 54 pulgadas

3. Ejemplo de respuesta:

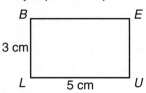

4. Ejemplo de respuesta:

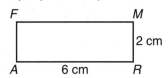

5.

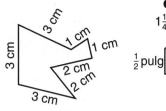

15 centímetros

6.

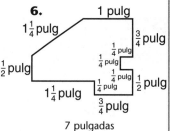

7 pulgadas

Vínculo con el estudio 8·2

1. a. 52 millas   **b.** 117 millas

c. $32\frac{1}{2}$ millas   **d.** $175\frac{1}{2}$ millas

3.

Rectángulo	Altura en el dibujo	Altura real
A	$\frac{1}{2}$ pulg	12 pies
B	$1\frac{1}{4}$ pulg	30 pies
C	2 pulg	48 pies
D	$1\frac{3}{4}$ pulg	42 pies
E	1 pulg	24 pies

Vínculo con el estudio 8·3

1. 24 centímetros cuadrados

2. 24 centímetros cuadrados

2. Cont. Ejemplo de respuesta:

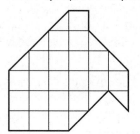

3. 2,072   **4.** 11,740   **5.** 3,593   **6.** 2,848

Vínculo con el estudio 8·4

1. 87,500; 35 casillas de la cuadrícula

2. 17,500; 7 casillas de la cuadrícula

3. 88.71   **4.** 58.08   **5.** 386.174   **6.** 18.098

Vínculo con el estudio 8·5

1. 48 pies cuadrados   **2.** 21 pulgadas cuadradas

3. 864 centímetros cuadrados

4. 300 metros cuadrados

5. 9 pulgadas   **6.** 10 centímetros

7. 9, 15, 18, 21   **8.** 28, 35, 49, 56

9. 36, 54, 60, 66   **10.** 24, 48, 72, 84

Vínculo con el estudio 8·6

1. 9 * 4 = 36   **2.** 3 * 8 = 24

3. 4 * 6 = 24   **4.** 65 * 72 = 4,680

5. 13 pulgadas   **6.** 85 metros

Vínculo con el estudio 8·7

1. $\frac{1}{2} * (8 * 4) = 16$ **2.** $\frac{1}{2} * (12 * 5) = 30$

3. $\frac{1}{2} * (10 * 2) = 10$

4. $\frac{1}{2} * (34 * 75) = 1,275$

5. 3 pulgadas   **6.** 6 metros

7. 27, 36, 54, 72   **8.** 8, 24, 40, 48

Perímetro

1. Perímetro = _____ pies

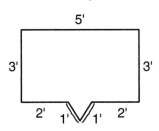

2. Perímetro = _____ pulgadas

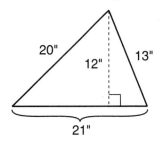

3. Dibuja un rectángulo *BLUE* cuyo perímetro sea de 16 centímetros. Rotula las longitudes de sus lados.

4. Dibuja un rectángulo diferente *FARM* cuyo perímetro también sea de 16 centímetros. Rotula las longitudes de sus lados.

5. Mide los lados de la figura al centímetro más cercano. Rotula las longitudes de sus lados y halla el perímetro.

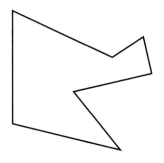

Perímetro = _____ centímetros

6. Mide los lados de la figura al $\frac{1}{4}$ de pulgada más cercano. Rotula las longitudes de sus lados y halla el perímetro.

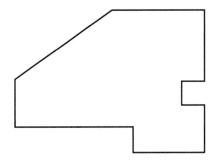

Perímetro = _____ pulgadas

Practica

7. $\frac{1}{4}$ de 24 = _____

8. _____ = $\frac{2}{3}$ de 24

9. _____ = $\frac{5}{8}$ de 40

175

VÍNCULO CON EL ESTUDIO
8·2

Escala

1. Si 1 pulgada en un mapa representa
13 millas, entonces

    a. 4 pulgadas representan _____ millas.

    b. 9 pulgadas representan _____ millas.

    c. $2\frac{1}{2}$ pulgadas representan _____ millas.

    d. $13\frac{1}{2}$ pulgadas representan _____ millas.

2. La escala de un dibujo es
1 centímetro:5 metros. Haz
un dibujo a escala de un
rectángulo que mida 20
metros por 15 metros.

Inténtalo

3. Escala: $\frac{1}{4}$ de pulgada representa 6 pies. Mide la altura de cada rectángulo
al $\frac{1}{4}$ de pulgada más cercano. Completa la tabla.

A

B

C

D

E

Rectángulo	Altura en el dibujo	Altura real
A		
B		
C		
D		
E		

VÍNCULO CON EL ESTUDIO
8·3

Explorar el área

1. El rectángulo A de la derecha está dibujado en una cuadrícula de 1 centímetro. Halla su área.

   Área = _____ cm^2

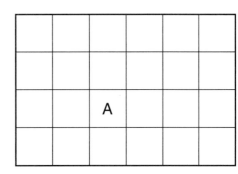

A

2. El rectángulo B tiene la misma área que el rectángulo A. Recorta el rectángulo B. Luego córtalo en 5 pedazos, como tú quieras.

   Vuelve a ordenar los pedazos en una nueva figura que no sea un rectángulo. Luego, pega los pedazos juntos en el espacio de abajo. ¿Cuál es el área de la nueva figura?

   Área de la nueva figura = _____ cm^2

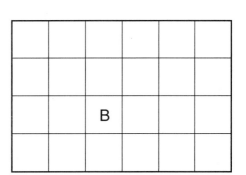

B

Practica

3. $1{,}778 + 294 =$ _____

4. _____ $= 6{,}096 + 5{,}644$

5. $4{,}007 - 414 =$ _____

6. _____ $= 8{,}030 - 5{,}182$

VÍNCULO CON EL ESTUDIO
8·4

Áreas de figuras irregulares

1. Éste es un mapa del estado de San Pablo, Brasil. Cada casilla de la cuadrícula representa 2,500 millas cuadradas. Estima el área del estado de San Pablo.

Conté alrededor de _____ casillas.

El área es de alrededor de _____ millas cuadradas.

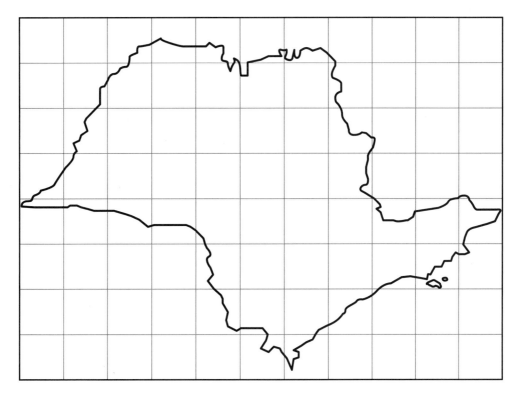

2. Éste es un mapa del estado de Río de Janeiro, Brasil. Cada casilla de la cuadrícula representa 2,500 millas cuadradas. Estima el área del estado de Río de Janeiro.

Conté alrededor de _____ casillas.

El área es de alrededor de _____ millas cuadradas.

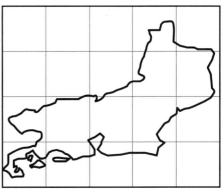

Practica

3. _____ = 73.04 + 15.67

4. 86.05 − 27.97 = _____

5. _____ = 312.11 + 74.064

6. 57.1 − 39.002 = _____

181

Áreas de rectángulos

Halla el área de cada rectángulo.

1.

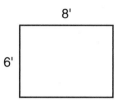

8'

6'

Modelo numérico: _____

Área = _____ pies cuadrados

2.

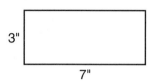

3"

7"

Modelo numérico: _____

Área = _____ pulgadas cuadradas

3.

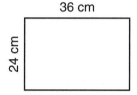

36 cm

24 cm

Modelo numérico: _____

Área = _____ centímetros cuadrados

4.

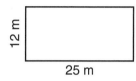

12 m

25 m

Modelo numérico: _____

Área = _____ metros cuadrados

Inténtalo

Se da el área de cada rectángulo. Halla la longitud que falta.

5.

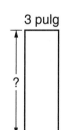

3 pulg

?

Área = 27 pulg^2

Altura = _____ pulg.

6.

?

12 cm

Área = 120 cm^2

Base = _____ cm

Practica

7. 3, 6, _____, 12, _____, _____, _____

8. 14, 21, _____, _____, 42, _____, _____

9. 30, _____, 42, 48, _____, _____, _____

10. 12, _____, 36, _____, 60, _____, _____

183

Áreas de paralelogramos

Halla el área de cada paralelogramo.

1.

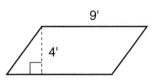

9'

4'

Modelo numérico: _____

Área = _____ pies cuadrados

2.

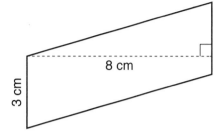

8 cm

3 cm

Modelo numérico: _____

Área = _____ centímetros cuadrados

3.

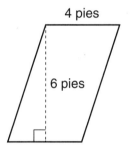

4 pies

6 pies

Modelo numérico: _____

Área = _____ pies cuadrados

4.

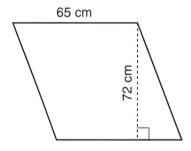

65 cm

72 cm

Modelo numérico: _____

Área = _____ centímetros cuadrados

Inténtalo

Se da el área de cada paralelogramo. Halla la longitud de la base.

5.

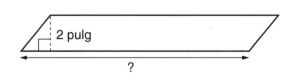

2 pulg

?

Área = 26 pulgadas cuadradas

base = _____ pulgadas

6.

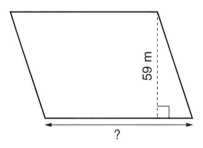

59 m

?

Área = 5,015 metros cuadrados

base = _____ metros

185

Porcentajes en mi mundo

Porcentaje significa "por ciento" o "de cada cien". *1 por ciento* significa $\frac{1}{100}$ ó 0.01.

"El 48 por ciento de los estudiantes de nuestra escuela son varones" significa que, de cada 100 estudiantes, 48 son varones.

Los porcentajes se escriben de dos maneras: con la frase *por ciento,* como en la oración de arriba, o con el símbolo %.

Busca ejemplos de porcentajes en periódicos, revistas, libros, almanaques y enciclopedias. Pide ayuda a tu familia. Escribe los ejemplos a continuación. Di también dónde los encontraste. Si un adulto te da permiso, puedes recortar ejemplos y traerlos a la escuela.

Enciclopedia: El 91% del área de New Jersey es tierra y el 9% es agua.

Periódico: El 76 por ciento de los estudiantes del último año de la Escuela Secundaria Southport dicen que piensan ir a la universidad al año siguiente.

VÍNCULO CON EL ESTUDIO
8·7

Áreas de triángulos

Halla el área de cada triángulo.

1.

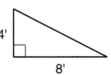

4'

8'

Modelo numérico: _____

Área = _____ pies cuadrados

2.

5 cm

12 cm

Modelo numérico: _____

Área = _____ centímetros cuadrados

3.

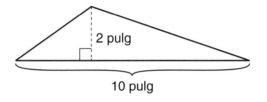

2 pulg

10 pulg

Modelo numérico: _____

Área = _____ pulgadas cuadradas

4.

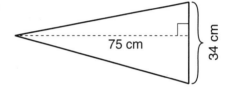

75 cm

34 cm

Modelo numérico: _____

Área = _____ centímetros cuadrados

Inténtalo

Se da el área de cada triángulo. Halla la longitud de la base.

5.

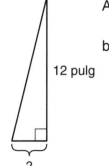

12 pulg

?

Área = 18 pulg^2

base = _____ pulg

6.

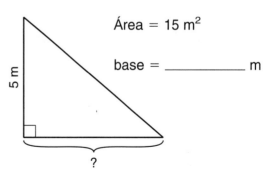

5 m

?

Área = 15 m^2

base = _____ m

Practica

7. 18, _____, _____, 45, _____, 63, _____

8. _____, 16, _____, 32, _____, _____, 56

VÍNCULO CON EL ESTUDIO
8·8

Pesos de las tortugas

Tortuga	Peso (libras)
Laúd del Pacífico	1,552
Laúd del Atlántico	1,018
Verde	783
Boba	568
Caimán	220
Franca oriental	171
Carey	138
Marina bastarda	133
Lora	110
Mordedora	85

Fuente: The Top 10 of Everything 2004

1. La tortuga laúd del Atlántico es alrededor de 10 veces más pesada que la tortuga

_____ .

2. La tortuga boba pesa alrededor de _____ veces lo que pesa la Mordedora.

3. ¿Qué tortuga pesa alrededor de 3 veces lo que pesa la boba?

_____

4. La tortuga franca oriental y la caimán, juntas, pesan más o menos la mitad que la tortuga

_____ .

5. ¿Alrededor de cuántas tortugas mordedoras igualarían el peso de dos tortugas caimán? _____

6. La tortuga laúd del Atlántico pesa alrededor de $\dfrac{\square}{\square}$ de lo que pesa la tortuga laúd del Pacífico.

Practica

Nombra los factores.

7. 50 _____

8. 63 _____

9. 90 _____

VÍNCULO CON EL ESTUDIO
8·9

Unidad 9: Carta a la familia

Fracciones, decimales y porcentajes

En la Unidad 9, estudiaremos los porcentajes y sus usos en la vida diaria. Su hijo o hija debe comenzar a buscar ejemplos de porcentajes en periódicos y revistas, en envases de alimentos, etiquetas de ropa, etc. y llevarlos a clase. Los datos que traigan los estudiantes se usarán para demostrar una variedad de aplicaciones de los porcentajes.

A medida que estudie porcentajes, su hijo o hija aprenderá los valores equivalentes de porcentajes, fracciones y decimales. Por ejemplo, 50% es equivalente a la fracción $\frac{1}{2}$ y al decimal 0.5. La clase entenderá que los **porcentajes** se refieren siempre a **una parte de 100.**

Convertir fracciones "fáciles", como $\frac{1}{2}, \frac{1}{5}, \frac{1}{10}$ y $\frac{3}{4}$, a decimales y porcentajes equivalentes deberá volverse automático para su hijo o hija. Estas fracciones son comunes en situaciones con porcentajes y son útiles para enfrentar fracciones, decimales y porcentajes más difíciles. Como ayuda para memorizar las equivalencias de fracciones y porcentajes "fáciles", su hijo o hija jugará a *Concentración de fracción y porcentaje.*

Fracciones "fáciles"	Decimales	Porcentajes
$\frac{1}{2}$	0.50	50%
$\frac{1}{4}$	0.25	25%
$\frac{3}{4}$	0.75	75%
$\frac{2}{5}$	0.40	40%
$\frac{7}{10}$	0.70	70%
$\frac{2}{2}$	1.00	100%

A lo largo de la unidad, su hijo o hija usará una calculadora para convertir fracciones a porcentajes y aprenderá a usar la tecla de porcentaje $\boxed{\%}$ para calcular descuentos, precios de ofertas y porcentajes de descuento.

Como parte del Tour mundial, su hijo o hija explorará datos de población, tales como tasas de alfabetismo y porcentajes de gente que vive en áreas urbanas y rurales.

Por último, la clase comenzará a aplicar los algoritmos de multiplicación y división a problemas con decimales. El método que usa *Matemáticas diarias* es muy simple: los estudiantes resuelven los problemas como si los números fueran enteros. Luego, estiman las respuestas como ayuda para localizar el punto decimal en la respuesta exacta. En esta unidad, comenzamos con problemas relativamente sencillos. De manera progresiva, su hijo o hija resolverá problemas cada vez más difíciles en *Matemáticas diarias de quinto* y *sexto grado.*

Por favor, guarde esta Carta a la familia como referencia mientras su hijo o hija trabaja en la Unidad 9.

Vocabulario

Términos importantes de la Unidad 9:

alfabetizado Una persona que sabe leer y escribir.

analfabeto Una persona que no sabe leer ni escribir.

caja de 100% El objeto entero, la colección entera de objetos o la cantidad entera que se considera.

Caja de 100%
24 libros

descuento La cantidad en la que se reduce el precio normal de un artículo en una oferta; a menudo se da como fracción o como porcentaje del precio normal o como un "por ciento menos".

descuento por porcentaje o fracción El porcentaje o fracción del precio normal que uno ahorra en una oferta. Ver el ejemplo en *precio normal.*

esperanza de vida El número promedio de años que se espera que viva una persona.

ordenar Poner en orden de acuerdo con el tamaño; clasificar de menor a mayor o a la inversa.

Países ordenados de menor a mayor porcentaje de población rural		
1	Australia	8%
2	Japón	21%
3	Rusia	27%
4	Irán	33%
5	Turquía	34%
6	China	61%
7	Tailandia	68%
8	India	72%
9	Vietnam	74%
10	Bangladesh	76%

porcentaje (%) Por ciento o de cada cien. Por ejemplo, "el 48% de los estudiantes de la escuela son varones" significa que, en promedio, 48 de cada 100 estudiantes son varones; $48\% = \frac{48}{100} = 0.48$.

porcentaje de alfabetismo El porcentaje de personas alfabetizadas de una población total; el número de personas de cada 100 que sabe leer y escribir. Por ejemplo, el 92% de la población de México es alfabetizada significa que, en promedio, 92 de cada 100 personas saben leer y escribir.

precio de oferta La cantidad que pagas después de restar el descuento del precio normal. Ver el ejemplo en *precio normal.*

precio normal o precio de lista El precio de un artículo sin aplicar el descuento.

Precio normal	¡Oferta!	Precio de oferta	Ahorraste
$19.95	25% MENOS	$14.96	$4.99

rural Que vive en el campo.

urbano Que vive en la ciudad.

Actividades para hacer en cualquier ocasión

Para trabajar con su hijo o hija sobre los conceptos aprendidos en esta unidad, hagan juntos estas interesantes y provechosas actividades:

1. Ayude a su hijo o hija a preparar una carpeta de porcentajes que incluya ejemplos de muchas maneras en que se usan los porcentajes en la vida cotidiana.

2. Anime a su hijo o hija a incorporar términos como "entero", "mitades", "tercios" y "cuartos" en su vocabulario diario.

3. Practiquen dar otros nombres a fracciones como porcentajes y a la inversa en situaciones de la vida diaria. Por ejemplo, al preparar una comida, pregunte a su hijo o hija qué porcentaje sería $\frac{3}{4}$ de una taza.

4. Lean anuncios de ofertas y descuentos. Si se dan el precio normal de un artículo y el descuento, pida a su hijo o hija que calcule la cantidad del descuento y el precio de oferta. Si se dan el precio normal y el precio de oferta, pídale que calcule la cantidad y el porcentaje del descuento.

Desarrollar destrezas por medio de juegos

En esta unidad, su hijo o hija jugará a los siguientes juegos:

Parejas de fracciones Vea el *Libro de consulta del estudiante,* página 243. Este juego es para de 2 a 4 jugadores y requiere una baraja de tarjetas de *Parejas de fracciones.* El juego desarrolla la destreza para nombrar fracciones equivalentes.

Concentración de fracción y porcentaje Vea la página 246 del *Libro de consulta del estudiante.* Dos o tres jugadores necesitarán 1 juego de losas de *Concentración de fracción y porcentaje* y una calculadora para este juego. Jugar a *Concentración de fracción y porcentaje* ayuda a los estudiantes a reconocer fracciones y porcentajes que son equivalentes.

Formar cuadrados Vea la página 257 del *Libro de consulta del estudiante.* Este juego es para 2 jugadores y requiere una cuadrícula para juegos. El juego ayuda a los estudiantes a usar pares ordenados de números para localizar puntos en una cuadrícula rectangular.

Polígonos en pareja Vea el *Libro de consulta del estudiante,* página 258. Este juego ofrece práctica en la identificación de las propiedades de polígonos. Requiere una baraja de propiedades de *Polígonos en pareja* y otra de polígonos.

Alfombras y cercos Vea el *Libro de consulta del estudiante,* páginas 260 y 261. Este juego es para 2 jugadores y requiere una Baraja de cartas poligonales de *Alfombras y cercos,* una Baraja de área y perímetro y una hoja de registro. El juego ayuda a los estudiantes a practicar el cómputo del área y el perímetro de polígonos.

Cuando ayude a su hijo o hija a hacer la tarea

Cuando su hijo o hija traiga tareas a casa, lean juntos y clarifiquen las instrucciones cuando sea necesario. Las siguientes respuestas le servirán de guía para usar los Vínculos con el estudio de esta unidad.

Vínculo con el estudio 9·1

1. $\frac{90}{100}$; 90% **2.** $\frac{53}{100}$; 53% **3.** $\frac{4}{100}$; 4%

4. $\frac{60}{100}$; 0.60 **5.** $\frac{25}{100}$; 0.25 **6.** $\frac{7}{100}$; 0.07

7. 0.50; 50% **8.** 0.75; 75% **9.** 0.06; 6%

Vínculo con el estudio 9·2

1. 100; $\frac{1}{100}$; 0.01; 1% **2.** 20; $\frac{1}{20}$; 0.05; 5%

3. 10; $\frac{1}{10}$; 0.10; 10% **4.** 4; $\frac{1}{4}$; 0.25; 25%

5. 2; $\frac{1}{2}$; 0.50; 50% **6.** 0.75; 75%

7. 0.20; 20%

Vínculo con el estudio 9·3

1.

	0	.						
$\frac{1}{2}$	0	.	5					
$\frac{1}{3}$	0	.	3	3	3	3	3	3
$\frac{1}{4}$	0	.	2	5				
$\frac{1}{5}$	0	.	2					
$\frac{1}{6}$	0	.	1	6	6	6	6	6
$\frac{1}{7}$	0	.	1	4	2	8	5	7
$\frac{1}{8}$	0	.	1	2	5			
$\frac{1}{9}$	0	.	1	1	1	1	1	1
$\frac{1}{10}$	0	.	1					
$\frac{1}{11}$	0	.	0	9	0	9	0	9
$\frac{1}{12}$	0	.	0	8	3	3	3	3
$\frac{1}{13}$	0	.	0	7	6	9	2	3
$\frac{1}{14}$	0	.	0	7	1	4	2	8
$\frac{1}{15}$	0	.	0	6	6	6	6	6
$\frac{1}{16}$	0	.	0	6	2	5		
$\frac{1}{17}$	0	.	0	5	8	8	2	3
$\frac{1}{18}$	0	.	0	5	5	5	5	5
$\frac{1}{19}$	0	.	0	5	2	6	3	1
$\frac{1}{20}$	0	.	0	5				
$\frac{1}{21}$	0	.	0	4	7	6	1	9
$\frac{1}{22}$	0	.	0	4	5	4	5	4
$\frac{1}{23}$	0	.	0	4	3	4	7	8
$\frac{1}{24}$	0	.	0	4	1	6	6	6
$\frac{1}{25}$	0	.	0	4				

Vínculo con el estudio 9·4

1. 34% **2.** 67% **3.** 84% **4.** 52%

5. 85% **6.** 20% **7.** 25% **8.** 30%

9. 62.5% **10.** 70% **11.** 15% **12.** 37.5%

13. Ejemplo de respuesta: Dividí el numerador entre el denominador y luego multipliqué el resultado por 100.

14. 86% **15.** 3% **16.** 14% **17.** 83.5%

Vínculo con el estudio 9·5

1. 7%; 7%; 7%; 8%; 10%; 11%; 10%; 10%; 9%; 8%; 7%

3. Ejemplo de respuesta: Dividí el número de bodas de cada mes entre el número total de bodas; multipliqué el resultado por 100 y redondeé al número entero más cercano.

Vínculo con el estudio 9·6

1. El equipo de la universidad. Ganaron $\frac{8}{10}$, o sea 80%, de los partidos. El equipo juvenil sólo ganó $\frac{6}{8}$, o sea, 75% de los partidos.

2. 2: 11; $\frac{5}{11}$; 45% 3: 3; $\frac{3}{3}$; 100%

4: 11; $\frac{9}{11}$; 82% 5: 7; $\frac{4}{7}$; 57%

6: 16; $\frac{11}{16}$; 69% 7: 10; $\frac{6}{10}$; 60%

8: 2; $\frac{1}{2}$; 50%

Vínculo con el estudio 9·7

1. 50% **2.** Tuvalu **3.** 5%

4. Dominica, Antigua y Barbuda, y Palau

5. 300%

Vínculo con el estudio 9·8

1. 25.8 **2.** 489.6 **3.** 45.12 **4.** 112.64

7. Ejemplo de respuesta: Estimé que la respuesta debe ser alrededor de 5 * 20 = 100.

8. 212.4 **9.** 38.64 **10.** 382.13

Vínculo con el estudio 9·9

1. 14.8 **2.** 0.2700 **3.** 24.96 **4.** 0.860

5. 23.4 **6.** 58.32

7. Ejemplo de respuesta: Estimé que la respuesta debe ser alrededor de $\frac{100}{4}$ = 25.

8. 4.2 **9.** 38.7 **10.** 0.65

Nombre _____ Fecha _____ Hora _____

Fracciones, decimales y porcentajes

Da otro nombre a cada decimal como fracción y como porcentaje.

1. $0.90 = \dfrac{\boxed{}}{100} = $ _____ %

2. $0.53 = \dfrac{\boxed{}}{100} = $ _____ %

3. $0.04 = \dfrac{\boxed{}}{100} = $ _____ %

Da otro nombre a cada porcentaje como fracción y como decimal.

4. $60\% = \dfrac{\boxed{}}{100} = $ __.____

5. $25\% = \dfrac{\boxed{}}{100} = $ __.____

6. $7\% = \dfrac{\boxed{}}{100} = $ __.____

Da otro nombre a cada fracción como decimal y como porcentaje.

7. $\dfrac{50}{100} = $ __.____ = _____ %

8. $\dfrac{75}{100} = $ __.____ = _____ %

9. $\dfrac{6}{100} = $ __.____ = ___ %

10. Sombrea más de $\dfrac{10}{100}$ y menos de $\dfrac{30}{100}$ de la cuadrícula.
Escribe el valor de la parte sombreada como decimal y como porcentaje.

Decimal: _____

Porcentaje: _____

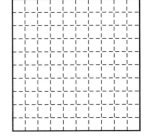

11. Sombrea más del 25% y menos del 60% de la cuadrícula.
Escribe el valor de la parte sombreada como decimal y como porcentaje.

Decimal: _____

Porcentaje: _____

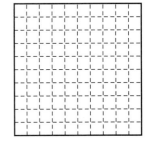

12. Sombrea más del 0.65 y menos del 0.85 de la cuadrícula.
Escribe el valor de la parte sombreada como decimal y como porcentaje.

Decimal: _____

Porcentaje: _____

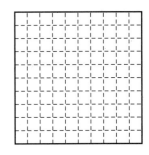

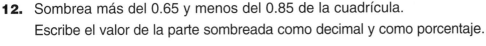

Practica

Ordena las fracciones de menor a mayor.

13. $\dfrac{3}{6}, \dfrac{3}{3}, \dfrac{3}{5}, \dfrac{3}{7}$ _____

14. $\dfrac{2}{3}, \dfrac{6}{7}, \dfrac{1}{2}, \dfrac{19}{20}$ _____

195

VÍNCULO CON EL ESTUDIO
9·1

Encuesta de preguntas triviales

Realiza la encuesta de abajo. Usarás los resultados en la Lección 9.6.

Haz las siguientes preguntas a por lo menos cinco personas. Puedes preguntar a familiares, vecinos y amigos.

¡TEN CUIDADO! No harás las mismas preguntas a todos. Presta atención a las instrucciones que van con cada pregunta.

Anota cada respuesta con una marca de conteo en las columnas de Sí o No.

Pregunta	Sí	No
1. ¿El lunes es tu día favorito? (Preguntar a menores de 20 años.)		
2. ¿Has ido al cine en el último mes? (Preguntar a mayores de 8 años.)		
3. ¿Desayunaste hoy? (Preguntar a mayores de 25 años.)		
4. ¿Tienes un mapa en tu carro? (Preguntar a los dueños de un carro.)		
5. ¿Comiste en un restaurante de comida rápida ayer? (Preguntar a todos.)		
6. ¿Leíste algún libro el mes pasado? (Preguntar a mayores de 20 años.)		
7. ¿Mides más de 1 metro de estatura? (Preguntar a mayores de 20 años.)		
8. ¿Te gusta el hígado? (Preguntar a todos.)		

VÍNCULO CON EL ESTUDIO
9·2

Monedas como porcentajes de $1

1. ¿Cuántos *pennies* hay en $1? _____ ¿Qué fracción de $1 es 1 *penny?* _____

   Escribe el decimal que muestra qué parte de $1 es 1 *penny?* _____

   ¿Qué porcentaje de $1 es 1 *penny?* _____%

2. ¿Cuántos *nickels* hay en $1? _____ ¿Qué fracción de $1 es 1 *nickel?* _____

   Escribe el decimal que muestra qué parte de $1 es 1 *nickel?* _____

   ¿Qué porcentaje de $1 es 1 *nickel?* _____%

3. ¿Cuántos *dimes* hay en $1? _____ ¿Qué fracción de $1 es 1 *dime?* _____

   Escribe el decimal que muestra qué parte de $1 es 1 *dime.* _____

   ¿Qué porcentaje de $1 es 1 *dime?* _____%

4. ¿Cuántos *quarters* hay en $1? _____ ¿Qué fracción de $1 es 1 *quarter?* _____

   Escribe el decimal que muestra qué parte de $1 es 1 *quarter.* _____

   ¿Qué porcentaje de $1 es 1 *quarter?* _____%

5. ¿Cuántos medios dólares hay en $1? _____ ¿Qué fracción de $1 es 1 medio dólar? _____

   Escribe el decimal que muestra qué parte de $1 es 1 medio dólar. _____

   ¿Qué porcentaje de $1 es 1 medio dólar? _____%

6. Tres *quarters* (75¢) es $\frac{3}{4}$ de $1.

   Escribe el decimal. _____

   ¿Qué porcentaje de $1 son

   3 *quarters?* _____%

7. Dos *dimes* (20¢) son $\frac{2}{10}$ de $1.

   Escribe el decimal. _____

   ¿Qué porcentaje de $1 son

   2 *dimes?* _____%

Practica

8. _____ = 748 * 6   9. 51 * 90 = _____   10. _____ = 28 * 903

VÍNCULO CON EL ESTUDIO
9·3

Decimales con la calculadora

206 207

1. Usa la calculadora para dar otro nombre a cada una de las siguientes fracciones como decimales.

$\frac{1}{2}$	0	.	5					
$\frac{1}{3}$	0	.	3	3	3	3	3	3
$\frac{1}{4}$								
$\frac{1}{5}$								
$\frac{1}{6}$								
$\frac{1}{7}$								
$\frac{1}{8}$								
$\frac{1}{9}$								
$\frac{1}{10}$								
$\frac{1}{11}$								
$\frac{1}{12}$								
$\frac{1}{13}$								

$\frac{1}{14}$								
$\frac{1}{15}$								
$\frac{1}{16}$								
$\frac{1}{17}$								
$\frac{1}{18}$								
$\frac{1}{19}$								
$\frac{1}{20}$								
$\frac{1}{21}$								
$\frac{1}{22}$								
$\frac{1}{23}$								
$\frac{1}{24}$								
$\frac{1}{25}$								

2. Crea algunos propios.

$\frac{1}{73}$	0	.	0	1	3	6	9	8
$\frac{1}{\ }$								
$\frac{1}{\ }$								

$\frac{1}{\ }$							
$\frac{1}{\ }$							
$\frac{1}{\ }$							

Practica

3. $6\overline{)96}$ = _____

4. 91 / 5 = _____

5. _____ = 864 ÷ 8

6. 575 ÷ 7 = _____

199

Nombre _____ Fecha _____ Hora _____

Fracciones y decimales a porcentajes

NO uses la calculadora para convertir estas fracciones a porcentajes.

Muestra tu trabajo para los problemas 3 a 6 en el reverso de esta página.

1. $\frac{34}{100} =$ _____%

2. $\frac{67}{100} =$ _____%

3. $\frac{42}{50} =$ _____%

4. $\frac{13}{25} =$ _____%

5. $\frac{17}{20} =$ _____%

6. $\frac{25}{125} =$ _____%

Usa una calculadora para convertir estas fracciones a porcentajes.

7. $\frac{23}{92} =$ _____%

8. $\frac{12}{40} =$ _____%

9. $\frac{20}{32} =$ _____%

10. $\frac{49}{70} =$ _____%

11. $\frac{60}{400} =$ _____%

12. $\frac{21}{56} =$ _____%

13. Describe cómo usaste la calculadora para convertir a porcentajes las fracciones de los problemas 7 a 12.

_____

_____

_____

NO uses la calculadora para convertir estos decimales a porcentajes.

14. $0.86 =$ _____%

15. $0.03 =$ _____%

16. $0.140 =$ _____%

17. $0.835 =$ _____%

Practica

Ordena las fracciones de menor a mayor.

18. $\frac{7}{16}, \frac{7}{8}, \frac{7}{12}, \frac{7}{9}$ _____

19. $\frac{7}{15}, \frac{3}{15}, \frac{8}{15}, \frac{4}{15}$ _____

20. $\frac{5}{9}, \frac{15}{16}, \frac{1}{4}, \frac{9}{10}$ _____

Nombre _____ Fecha _____ Hora _____

VÍNCULO CON EL ESTUDIO
9·5

Volver a dar nombres a fracciones como porcentajes

En 2001, hubo alrededor de 2,317,000 bodas en Estados Unidos.
La tabla de abajo muestra el número aproximado de bodas por mes.

1. Usa una calculadora para hallar el porcentaje del número total de bodas que hubo cada mes. Redondea las respuestas al porcentaje entero más cercano.

Mes	Número aproximado de bodas	Porcentaje aproximado del total de bodas
enero	147,000	6%
febrero	159,000	
marzo	166,000	
abril	166,000	
mayo	189,000	
junio	237,000	
julio	244,000	
agosto	225,000	
septiembre	224,000	
octubre	217,000	
noviembre	191,000	
diciembre	152,000	

Fuente: U.S. Department of Health and Human Services

2. Según la tabla, ¿cuál es el mes más popular para casarse? _____

   ¿Cuál es el menos popular? _____

3. Describe cómo usaste la calculadora para hallar el porcentaje de cada mes.

   _____

   _____

Practica

Nombra todos los factores de cada número.

4. 63 _____   5. 28 _____

203

VÍNCULO CON EL ESTUDIO
9•6

Usar porcentajes para comparar fracciones

1. El equipo superior de baloncesto femenino ganó 8 de los 10 partidos que jugó. El equipo juvenil ganó 6 partidos de los 8 que jugó. ¿Qué equipo tiene el mejor porcentaje? Explica tu razonamiento.

_____

_____

2. Completa la tabla con los tiros que hizo cada jugadora durante un partido (sin contar los tiros libres). Calcula el porcentaje de tiros encestados al porcentaje entero más cercano.

Jugadora	Tiros encestados	Tiros fallados	Total de tiro	Tiros encestados / Total de tiros	% de tiros encestados
1	5	12	17	$\frac{5}{17}$	29%
2	5	6			
3	3	0			
4	9	2			
5	4	3			
6	11	5			
7	6	4			
8	1	1			

3. El partido está empatado. Tu equipo tiene la pelota. Sólo hay tiempo para hacer un tiro más. Usando sólo la información de la tabla como referencia, ¿a qué jugadora elegirías para hacer el tiro? ¿Por qué?

_____

_____

_____

Practica

4. $\frac{1}{3} + \frac{1}{6} =$ _____

5. _____ $= \frac{3}{4} - \frac{1}{2}$

6. _____ $= \frac{7}{10} + \frac{1}{5}$

7. $\frac{5}{8} - \frac{1}{4} =$ _____

205

VÍNCULO CON EL ESTUDIO
9·7

Países con menos población

La siguiente tabla muestra la población aproximada de los 10 países menos poblados del mundo. Usa los datos para estimar las respuestas a los problemas.

País	Población
Ciudad del Vaticano	900
Tuvalu	11,000
Nauru	13,000
Palau	20,000
San Marino	28,000
Mónaco	32,000
Liechtenstein	33,000
San Cristóbal y Nieves	39,000
Antigua y Barbuda	68,000
Dominica	69,000

Fuente: The Top Ten of Everything 2004

1. Liechtenstein tiene una población de alrededor del _____% de la población de Dominica.

2. ¿Qué país tiene una población de alrededor del 33% de la población de Liechtenstein?

_____

3. La Ciudad del Vaticano tiene una población de alrededor del _____% de la población de Palau.

4. La población de los 10 países de la lista es 314,900. ¿La población de qué 3 países juntos es igual a alrededor del 50% de ese total?

_____

5. San Cristóbal y Nieves tiene una población de alrededor del _____% de la población de Nauru.

Practica

6. 27 * 4 = _____

7. _____ = 508 * 8

8. _____ = 63 * 86

9. 849 * 52 = _____

VÍNCULO CON EL ESTUDIO
9·8

Multiplicar decimales

Para cada problema de abajo, la multiplicación es correcta, pero falta el punto decimal en las respuestas. Coloca el punto decimal correctamente en las respuestas.

1. $6 * 4.3 =$ 2 5 8

2. $72 * 6.8 =$ 4 8 9 6

3. $0.96 * 47 =$ 4 5 1 2

4. $5.12 * 22 =$ 1 1 2 6 4

5. $8,457 * 9.8 =$ 8 2 8 7 8 6

6. $0.04 * 140 =$ 5 6

7. Explica cómo decidiste dónde colocar el punto decimal en el problema 4.

_____

_____

_____

Inténtalo

Multiplica. Muestra tu trabajo.

8. $5.9 * 36 =$ _____

9. $0.46 * 84 =$ _____

10. _____ $= 7.21 * 53$

Practica

11. _____ $= 96 \div 6$

12. $4\overline{)67} =$ _____

13. _____ $= 411 / 3$

14. $9\overline{)903} =$ _____

209

VÍNCULO CON EL ESTUDIO
9·9

Dividir decimales

Para cada problema, la división es correcta, pero falta el punto decimal
en las respuestas. Coloca el punto decimal correctamente.

1. 88.8 / 6 = 1 4 8   **2.** 1.35 / 5 = 2 7 0 0

3. 99.84 / 4 = 2 4 9 6   **4.** 2.58 / 3 = 8 6 0

5. 163.8 / 7 = 2 3 4   **6.** 233.28 / 4 = 5 8 3 2

7. Explica cómo decidiste dónde colocar el punto decimal en el problema 3.

_____

_____

_____

Inténtalo

Divide. Muestra tu trabajo.

8. $6\overline{)25.2}$	**9.** $4\overline{)154.8}$	**10.** $9\overline{)5.85}$
Respuesta: _____	Respuesta: _____	Respuesta: _____

Practica

11. _____ $= \frac{5}{8} + \frac{2}{8}$ **12.** $\frac{5}{9} - \frac{1}{3} =$ _____   **13.** _____ $= \frac{7}{10} + \frac{2}{10}$ **14.** $\frac{9}{10} - \frac{1}{2} =$ _____

Unidad 10: Carta a la familia

Reflexiones y simetría

En esta unidad, su hijo o hija volverá a estudiar la geometría, concentrándose en la simetría.
Muchos objetos de la naturaleza son simétricos: las flores, los insectos y el cuerpo humano, para
nombrar unos pocos. La simetría está en todos lados: en edificios, muebles, ropa, pinturas.

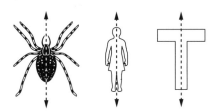

La clase se concentrará en la **simetría de reflexiones,** también llamada **simetría axial** o **simetría
de espejo,** en la cual la mitad de una figura es la imagen de espejo de la otra. Anime a su hijo o hija
a buscar objetos simétricos y, si es posible, a reunir ilustraciones de objetos simétricos de revistas y
periódicos. Por ejemplo, la mitad derecha de la letra T es la imagen de espejo de la mitad izquierda. Si
tiene un pequeño espejo de mano, pida a su hijo o hija que lo use para comprobar si letras, números u
otros objetos tienen simetría axial. La clase usará un dispositivo llamado **espejo transparente,** que se
muestra a continuación. Los estudiantes lo usarán para ver y trazar la imagen de espejo de un objeto.

La geometría no es sólo el estudio de figuras (como rectas, rectángulos y círculos), sino también el
estudio de transformaciones o "movimientos" de figuras, como **reflexiones** (vueltas), **rotaciones**
(giros) y **traslaciones** (imágenes deslizadas). Su hijo o hija usará estos movimientos para crear
dibujos como el de abajo, llamados **patrones de friso.**

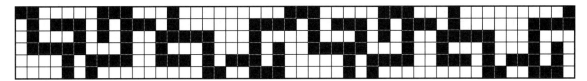

Los estudiantes también trabajarán con números positivos y negativos considerándolos como
reflexiones de cada uno a través del cero en una recta numérica. Desarrollarán destrezas de
suma de números positivos y negativos al pensar en términos de créditos y débitos para una
nueva compañía y practicarán estas destrezas en el *Juego de crédito y débito.*

**Por favor, guarde esta Carta a la familia como referencia mientras su hijo o hija
trabaja en la Unidad 10.**

213

Vocabulario

Términos importantes de la Unidad 10:

eje de reflexión Una línea a mitad de camino entre una figura (preimagen) y su imagen reflejada. En una reflexión, una figura es "volteada" sobre el eje de reflexión.

eje de simetría Línea dibujada a través de una figura de manera tal que la divide en dos partes que son imágenes de espejo una de la otra. Las dos partes se ven iguales, pero están orientadas en direcciones opuestas.

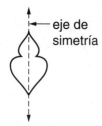

eje de simetría

imagen La reflexión de un objeto que se ve cuando miras en el espejo. También, una figura que se produce por una transformación (reflexión, traslación o rotación) de otra figura. Véase *preimagen*.

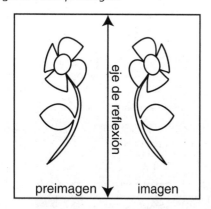

preimagen   imagen

número negativo Un número menor que cero; un número a la izquierda del cero en una recta numérica horizontal o debajo del cero en una recta numérica vertical. Puede usarse el símbolo "–" para escribir un número negativo. Por ejemplo: "5 negativo" a menudo se escribe –5.

patrón de friso Un diseño geométrico en una tira larga en la cual un elemento se repite una y otra vez. Los elementos se pueden rotar, trasladar y reflejar. Los patrones de friso frecuentemente se encuentran en paredes de edificios, bordes de alfombras y suelos de losa, como también en la ropa.

preimagen Una figura geométrica que ha cambiado de alguna manera (por una *reflexión*, una *rotación* o una *traslación*, por ejemplo) para producir otra figura. Véase *imagen*.

reflexión (vuelta) "Voltear" una figura sobre un eje (el *eje de reflexión*) de tal manera que su imagen sea la imagen de espejo del original (preimagen).

reflexión

rotación (giro) El movimiento de una figura alrededor de un punto fijo o eje; un "giro".

simetría Que tiene el mismo tamaño y forma a los dos lados de una línea divisoria o que se ve igual cuando se gira una cantidad menor a 360°.

transformación Algo que se hace a una figura geométrica que produce una nueva figura. Las transformaciones más comunes son las traslaciones (imagen deslizada), las reflexiones (vueltas) y las rotaciones (giros).

traslación Un movimiento de una figura sobre una línea recta; una "imagen deslizada". En una traslación, cada punto de la figura se desliza la misma distancia en la misma dirección.

traslación

Actividades para hacer en cualquier ocasión

Para trabajar con su hijo o hija sobre los conceptos aprendidos en esta unidad, hagan juntos estas interesantes y provechosas actividades.

1. Pida a su hijo o hija que busque patrones de friso en edificios, alfombras, pisos y ropa. Si es posible, pídale que lleve dibujos de estos patrones a la escuela o que haga dibujos de los patrones que vea.

2. Anime a su hijo o hija a estudiar las cualidades matemáticas de los patrones de notas y ritmos musicales. Los compositores de las piezas más sencillas usan reflexiones y traslaciones de notas y de acordes (grupos de notas).

3. Anime a su hijo o hija a incorporar el vocabulario de transformaciones —**simétrico, reflejado, girado** y **trasladado**— a su vocabulario diario.

Desarrollar destrezas por medio de juegos

En esta unidad, su hijo o hija jugará a los siguientes juegos para desarrollar su comprensión de sumas y restas de números positivos y negativos, practicar la estimación y la medición de ángulos, practicar cómo trazar pares ordenados en el primer cuadrante de una gráfica de coordenadas e identificar las propiedades de los polígonos. Vea el *Libro de consulta del estudiante* para instrucciones más detalladas.

Maraña de ángulos Vea el *Libro de consulta del estudiante,* página 230. Dos jugadores necesitarán un transportador, un reglón y varias hojas en blanco para jugar. Este juego ofrece práctica en la estimación y medición de ángulos.

Juego de crédito y débito Vea la página 238 del *Libro de consulta del estudiante.* Este juego ofrece a los estudiantes práctica en la suma y la resta de números positivos y negativos.

Formar cuadrados Vea la página 257 del *Libro de consulta del estudiante.* Dos jugadores necesitarán un tablero y una hoja de registro, 2 lápices de diferentes colores y 2 dados de seis lados. El juego ayudará a los estudiantes a que practiquen cómo trazar pares ordenados y a desarrollar una estrategia para ganar el juego.

Polígonos en pareja Vea el *Libro de consulta del estudiante,* página 258. Para jugar a este juego, dos jugadores necesitarán una baraja de tarjetas de polígonos, otra de tarjetas de propiedades y papel y lápiz para dibujar. Este juego ofrece práctica en la identificación de las propiedades de los polígonos.

Cuando ayude a su hijo o hija a hacer la tarea

Cuando su hijo o hija traiga tareas a casa, lean juntos y clarifiquen las instrucciones cuando sea necesario.

Las siguientes respuestas le servirán de guía para usar algunos de los Vínculos con el estudio de esta unidad.

Vínculo con el estudio 10·2

1.
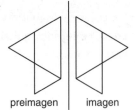
preimagen | imagen

3. preimagen
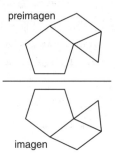
imagen

5.
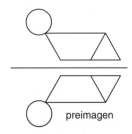
preimagen

Vínculo con el estudio 10·3

1. preimagen | imagen
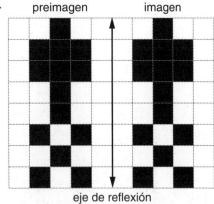
eje de reflexión

3. preimagen | imagen
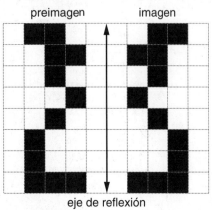
eje de reflexión

Vínculo con el estudio 10·4

2.
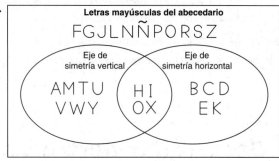

Letras mayúsculas del abecedario

FGJLNÑPORSZ

Eje de simetría vertical

Eje de simetría horizontal

AMTU VWY

HI OX

BCD EK

3. Ejemplos de respuesta:

horizontal	vertical
DOCE	TOMA
HECHO	MOTO
CHICO	VOY
BICI	AUTO

Vínculo con el estudio 10·5

1. a. reflexión   **b.** traslación   **c.** rotación

Vínculo con el estudio 10·6

1. <   **2.** <   **3.** <   **4.** >

5. $-8, -3.4, -\frac{1}{4}, \frac{1}{2}, 1.7, 5$

6. $-43, -3, 0, \frac{14}{7}, 5, 22$

7. Ejemplos de respuesta: $\frac{1}{4}, \frac{1}{2}, \frac{3}{4}, 1$

8. Ejemplos de respuesta: $-2, -1, -\frac{1}{2}, -\frac{1}{4}$

9. a. 13   **b.** -5 **c.** -13

10. a. 8   **b.** -2 **c.** -8

11. a. 15   **b.** 11   **c.** -15

VÍNCULO CON EL ESTUDIO
10·1

Una imagen reflejada

En la caja que está en el medio de esta página hay un diseño sencillo. Es la **preimagen.**

Sostén esta página frente a un espejo, con el lado impreso hacia el espejo. En una hoja de papel en blanco, haz un bosquejo del diseño como lo ves en el espejo: la **imagen.**

Compara tu bosquejo (imagen) con el diseño que está en la página del Vínculo con el estudio (preimagen). Trae la preimagen y la imagen a la escuela mañana.

Haz un bosquejo del diseño como lo ves en el espejo.

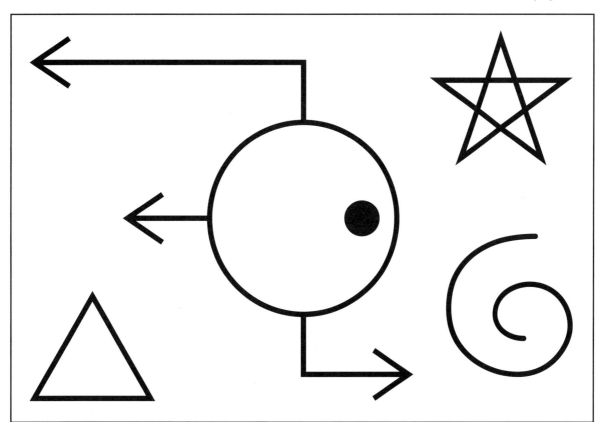

Practica

1. 10% de 130 = _____

2. _____ = 25% de 32

3. _____ = 15% de 120

4. 70% de 490 = _____

VÍNCULO CON EL ESTUDIO
10·2

Ejes de reflexión

Para cada preimagen e imagen, traza el eje de reflexión.

1.

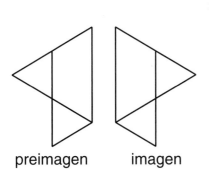

preimagen   imagen

2.

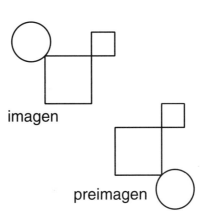

imagen

preimagen

3. preimagen

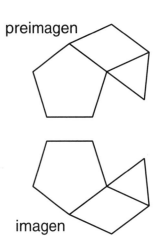

imagen

Para cada preimagen, usa tu Plantilla de geometría para
trazar la imagen del otro lado del eje de reflexión.

4.

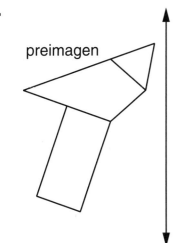

preimagen

5.

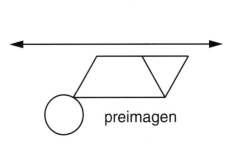

preimagen

6.

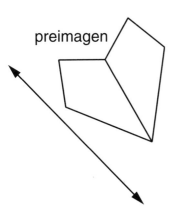

preimagen

7. Crea tu propia preimagen.
preimagen

219

VÍNCULO CON EL ESTUDIO
10·3

Reflexiones

Sombrea las casillas para crear la imagen reflejada de cada preimagen.

1.

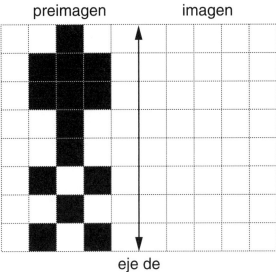

preimagen   imagen

eje de
reflexión

2.

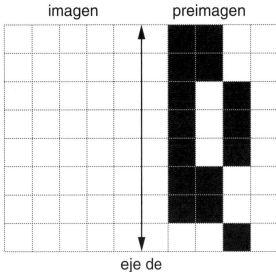

imagen   preimagen

eje de
reflexión

3.

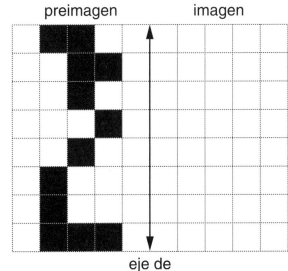

preimagen   imagen

eje de
reflexión

4.

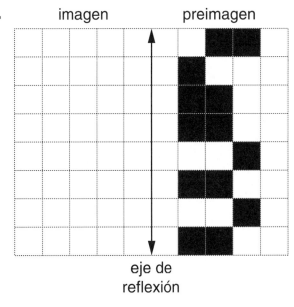

imagen   preimagen

eje de
reflexión

Practica

5. $54 * 6 =$ _____

6. $29 * 36 =$ _____

7. _____ $= 45 * 45$

8. _____ $= 837 * 63$

221

VÍNCULO CON EL ESTUDIO
10·4

Simetría axial en el abecedario

1. Escribe las 27 letras del abecedario en mayúscula.

___ ___ ___ ___ ___ ___ ___ ___ ___ ___ ___ ___ ___ ___

___ ___ ___ ___ ___ ___ ___ ___ ___ ___ ___ ___ ___

2. La letra mayúscula A tiene un eje de simetría vertical.

La letra mayúscula B tiene un eje de simetría horizontal.

Usa las letras del abecedario para completar el diagrama de Venn.

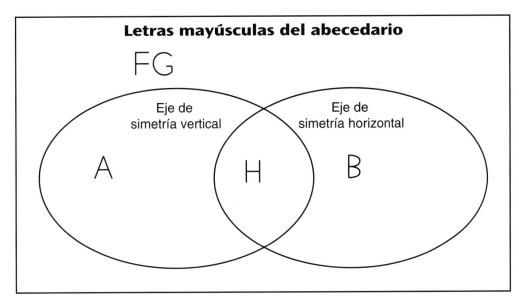

Letras mayúsculas del abecedario

FG

Eje de simetría vertical · Eje de simetría horizontal

A   H   B

3. La palabra *BED* tiene un eje de simetría horizontal. **BED**

La palabra *HIT* tiene un eje de simetría vertical. **HIT**

Usa letras mayúsculas para hacer una lista de palabras
que tengan ejes de simetría horizontales o verticales.

horizontal   **vertical**

_____ _____   _____ _____

_____ _____   _____ _____

Practica

4. 86 ÷ 9 = _____

5. _____ = 68 / 4

VÍNCULO CON EL ESTUDIO 10·5

Patrones geométricos

1. Continúa cada patrón. Luego di si para continuar el patrón usaste una reflexión, una rotación o una traslación del diseño original.

a. _____

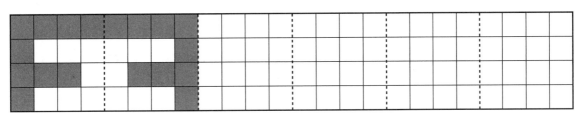

b. _____

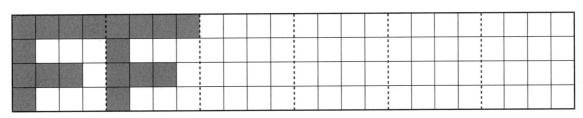

c. _____

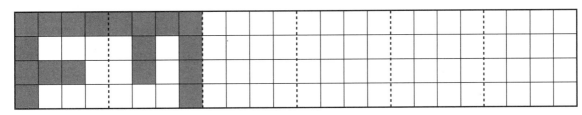

2. Crea tu propio patrón.

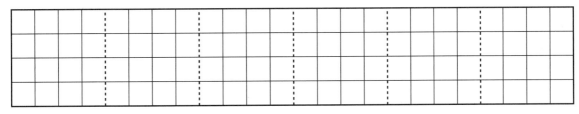

Practica

3. 50% de $25.00 = _____

4. 25% de $10.00 = _____

5. _____ = 40% de $150.00

6. _____ = 20% de $250.00

VÍNCULO CON EL ESTUDIO
10·6

Números positivos y negativos

Escribe < ó > para hacer una oración numérica verdadera.

1. 3 _____ 14   **2.** −7 _____ 7   **3.** 19 _____ 20   **4.** −8 _____ −10

Haz una lista con los números en orden de menor a mayor.

5. 5, −8, $\frac{1}{2}$, −$\frac{1}{4}$, 1.7, −3.4

_____ _____ _____ _____ _____ _____

menor   **mayor**

6. −43, 22, $\frac{14}{7}$, 5, −3, 0

_____ _____ _____ _____ _____ _____

menor   **mayor**

7. Nombra cuatro números
     positivos menores que 2.   _____ _____ _____ _____

8. Nombra cuatro números
     negativos mayores que −3.   _____ _____ _____ _____

Usa la recta numérica como ayuda para resolver los problemas 9 a 11.

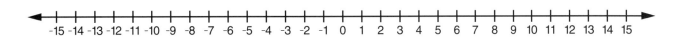

9. a. 4 + 9 = _____   **b.** 4 + (−9) = _____   **c.** (−4) + (−9) = _____

10. a. 5 + 3 = _____   **b.** (−5) + 3 = _____   **c.** (−5) + (−3) = _____

11. a. _____ = 2 + 13   **b.** _____ = (−2) + 13   **c.** _____ = (−2) + (−13)

Practica

12. 1.02 + 12.88 = _____   **13.** 7.26 − 1.94 = _____

14. _____ + 5.84 = 8.75   **15.** 3.38 − _____ = 2.62

227

VÍNCULO CON EL ESTUDIO
10·7

Unidad 11: Carta a la familia

Figuras tridimensionales, peso, volumen y capacidad

La próxima unidad presenta varios temas nuevos, además de repasar parte del trabajo realizado con cuerpos geométricos en los grados anteriores y algunas de las ideas principales que su hijo o hija estudió este año.

Comenzamos con una lección sobre peso, concentrándonos en gramos y onzas. Los estudiantes manipulan y pesan una variedad de objetos y tratan de desarrollar un "sentido del peso" para así poder estimar pesos correctamente. La clase participará en la creación de un Museo de gramos y onzas para mostrar objetos cotidianos rotulados con sus respectivos pesos.

Como parte del repaso de las propiedades de las figuras tridimensionales (prismas, pirámides, cilindros y conos), su hijo o hija construirá modelos de cuerpos geométricos usando popotes y patrones de papel. Los estudiantes usarán estos modelos cuando estudien el vocabulario relacionado, como *cara, arista* y *vértice,* y cuando comparen las características de cuerpos geométricos.

Al experimentar con cubos, la clase desarrollará y aplicará una fórmula para hallar los volúmenes de prismas rectangulares (cuerpos geométricos que parecen cajas).

Consideraremos las unidades de capacidad ya conocidas (tazas, pintas, cuartos de galón, galones) y las relaciones entre ellas.

Su hijo o hija también explorará la resta de números positivos y negativos al jugar una variante del *Juego de crédito y débito* presentado en la Unidad 10.

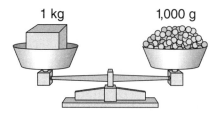

1 kg   1,000 g

En la Lección 11-1, se usa una báscula de platillos para medir pesos en gramos.

Por favor, guarde esta Carta a la familia como referencia mientras su hijo o hija trabaja en la Unidad 11.

229

Vocabulario

Términos importantes de la Unidad 11:

capacidad (1) La cantidad de espacio que ocupa una figura tridimensional. Es lo mismo que el *volumen*. (2) Más informal, la cantidad que puede contener un envase. La capacidad a menudo se mide en unidades como cuartos de galones, galones, tazas o litros. (3) El *peso* máximo que puede medir una báscula.

cilindro Una figura tridimensional que tiene dos bases circulares o elípticas paralelas y congruentes y que están conectadas por una *superficie curva*. Una lata tiene forma de cilindro.

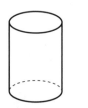

cono Una figura tridimensional que tiene una base circular, una *superficie curva* y un vértice, que se llama ápice. Los puntos de la superficie curva de un cono están sobre líneas rectas que conectan el ápice y la circunferencia de la base.

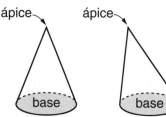

cuerpo geométrico La superficie o las superficies que conforman una figura tridimensional, como un *prisma*, un *cilindro*, un *cono* o una esfera. A pesar de su nombre, un cuerpo geométrico es hueco: no contiene los puntos en su interior.

dimensión Una medición de una de las direcciones de un objeto, generalmente la longitud, el ancho o la altura. Por ejemplo, las dimensiones de una caja pueden ser 24 cm por 20 cm por 10 cm.

figura tridimensional (3-D) Una figura cuyos puntos no están todos en un solo plano. Entre los ejemplos están los *prismas*, las *pirámides* y las esferas; todos ellos tienen longitud, ancho y altura.

fórmula Una regla general para hallar el valor de algo. Una fórmula con frecuencia se escribe usando letras, llamadas variables, que representan las cantidades que se usan.

peso Una medida de la fuerza de la gravedad sobre un objeto. El peso se mide en unidades métricas, como gramos, kilogramos y miligramos; y en unidades tradicionales de EE.UU., como libras y onzas.

| prisma triangular | prisma rectangular | prisma hexagonal |

pirámide Un figura tridimensional con un polígono como base, un punto (ápice) que no está en el plano de la base y todos los segmentos de recta que tienen un extremo en el ápice y el otro en una de las aristas de la base. Todas sus otras caras, excepto la base, son triangulares.

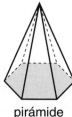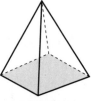

| pirámide hexagonal | pirámide rectangular |

prisma Una figura tridimensional con dos regiones poligonales paralelas y congruentes como bases y caras laterales formadas por todos los segmentos de recta con los extremos en las aristas correspondientes de las bases. Todas las caras laterales son paralelogramos.

superficie curva Una superficie bidimensional redondeada en lugar de plana. Las esferas, los *cilindros* y los *conos* tienen una superficie curva.

unidad cúbica Una unidad que se usa para medir *volumen*, como centímetros cúbicos o pies cúbicos.

volumen La cantidad de espacio que ocupa un objeto tridimensional. Es lo mismo que *capacidad*. La cantidad que cabe en un recipiente. El volumen usualmente se mide en unidades cúbicas, como cm^3, pulgadas cúbicas o pies cúbicos.

Actividades para hacer en cualquier ocasión

Para trabajar con su hijo o hija sobre los conceptos aprendidos en esta unidad, hagan juntos estas interesantes y provechosas actividades.

1. Pida a su hijo o hija que haga una lista de los objetos o cosas más pesados del mundo. Por ejemplo, ¿qué animal tiene la cría más pesada? ¿Cuál es la estructura hecha por el ser humano más pesada del mundo? ¿Cuál es el mayor peso que una persona haya levantado alguna vez?

2. Pida a su hijo o hija que reúna en una carpeta figuras tridimensionales. Las imágenes pueden ser de periódicos, revistas, fotografías, etc.

3. Anime a su hijo o hija a crear sus propias reglas nemotécnicas y/o dichos de ayuda de la memoria para usarlos en la conversión entre unidades de capacidad y peso. Un ejemplo es el dicho en inglés: "Una pinta es una libra en todo el mundo". (1 pinta = 16 oz = 1 lb)

Desarrollar destrezas por medio de juegos

En la Unidad 11, su hijo o hija jugará a los siguientes juegos. Para instrucciones más detalladas, vea el *Libro de consulta del estudiante.*

Posibilidades Vea la página 236 del *Libro de consulta del estudiante.*
Este juego es para 2 jugadores que van a necesitar dos barajas, una de tarjetas de sucesos y la otra de probabilidades, ambas de *Posibilidades.* El juego desarrolla la destreza de usar términos de probabilidades para describir las posibilidades de que ocurra un suceso.

Juego de crédito y débito Vea la página 238 del *Libro de consulta del estudiante.*
Éste es un juego para 2 jugadores. Los materiales necesarios incluyen 1 juego completo de tarjetas de números y una hoja de registro. El *Juego de crédito y débito* ayuda a los estudiantes a practicar la suma de números enteros positivos y negativos.

Juego de crédito y débito (Versión avanzada)
Vea la página 239 del *Libro de consulta del estudiante.*
Este juego es similar al *Juego de crédito y débito* y ayuda a los estudiantes a practicar la suma y la resta de números enteros positivos y negativos.

Cuando ayude a su hijo o hija a hacer la tarea

Cuando su hijo o hija traiga tareas a casa, lean juntos y clarifiquen las instrucciones cuando sea necesario. Las siguientes respuestas le servirán de guía para usar los Vínculos con el estudio de esta unidad.

Vínculo con el estudio 11•1

1. 59 **2.** 96,640

3. Bagel y calabaza; o galleta de jengibre y taco.

4. Pasta, barra de chocolate, hamburguesa, copa de helado.

6. −$50 **7.** −$75 **8.** $0

9. $30

Vínculo con el estudio 11•2

1. a. pirámide cuadrangular **b.** cono

   c. esfera **d.** cilindro

   e. prisma rectangular **f.** prisma triangular

2.

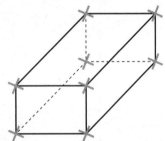

3. 6 **4.** 7,000; 63,560 y 91

5. 24; 120; 600

Vínculo con el estudio 11•3

1. cono **2.** pirámide cuadrangular

3. prisma hexagonal **4.** octaedro

6. $10 **7.** −$70

8. −$15 **9.** −$100

10. −$55 **11.** −$400

Vínculo con el estudio 11•4

4. 24 **5.** 17 R1, ó $17\frac{1}{5}$

6. 29 **7.** 89 R2, ó $89\frac{2}{4}$

Vínculo con el estudio 11•5

1. a. 39 **b.** 30

2. a. $(3 * 3) * 6 = 54$; 54

   b. $(2 * 5) * 9.7 = 97$; 97

3. a. 150 **b.** 150

4. −49 **5.** −40 **6.** 29 **7.** 73

Vínculo con el estudio 11•6

1. −110 **2.** −8 **3.** −8

4. 15 **5.** 14 **6.** −19

7. −70 **8.** 18

11. < **12.** < **13.** >

14. > **15.** > **16.** >

17. −14, −2.5, −0.7, $\frac{30}{6}$, 5.6, 8

18. −7, −$\frac{24}{6}$, −$\frac{3}{5}$, 0.02, 0.46, 4

19. 2,652 **20.** 44,114 **21.** 158

22. 106 R4, ó $106\frac{4}{7}$

Vínculo con el estudio 11•7

Las respuestas variarán para los problemas 1 a 4.

5. 4 **6.** 48 **7.** 2

8. 3 **9.** 3 **10.** 10

11. 4 **12.** −4 **13.** −40

14. −120

VÍNCULO CON EL ESTUDIO
11·1

Las comidas más grandes del mundo

Comida	Peso	Fecha	Lugar
Manzana	3 libras 11 onzas	octubre de 1997	Linton, Inglaterra
Bagel	714 libras	julio de 1998	Mattoon, Illinois
Pasta	7,355 libras	febrero de 2004	Hartford, New York
Barra de chocolate	5,026 libras	marzo de 2000	Turín, Italia
Ajo	2 libras 10 onzas	1985	Eureka, California
Galleta de jengibre	372.13 libras	noviembre de 2003	Vancouver, Canadá
Hamburguesa	6,040 libras	septiembre de 1999	Sac, Montana
Copa de helado	22.59 toneladas	julio de 1998	Alberta, Canadá
Calabaza	1,337 libras	octubre de 2002	Topsfield, Massachussets
Taco	1,654 libras	marzo de 2003	Mexicali, México

Fuente: www.guinnessworldrecords.com

Usa la información de la tabla para resolver los siguientes problemas.

1. La manzana más grande pesó _____ onzas.

2. Una hamburguesa promedio pesa 4 onzas. La hamburguesa más grande pesó

_____ onzas.

3. ¿Qué dos comidas, juntas, pesan alrededor de una tonelada? _____ y

_____

4. Un kilogramo es un poco más de 2 libras. ¿Qué 4 comidas pesan más de
1,000 kilogramos cada una?

_____

5. Usa los datos de la tabla para escribir y resolver tus propios problemas en el
reverso de esta página.

Practica

6. −$75 + $25 = _____

7. _____ = −$45 + (−$30)

8. _____ = −$60 + $60

9. $55 + (−$25) = _____

VÍNCULO CON EL ESTUDIO
11·2

Cuerpos geométricos

1. Los siguientes dibujos muestran objetos que tienen la forma aproximada de cuerpos geométricos. Identifica cada objeto como uno de los siguientes: **cilindro, cono, esfera, prisma triangular, pirámide cuadrangular** o **prisma rectangular.**

a.	**b.**	**c.**
Tipo: _____	Tipo: _____	Tipo: _____
_____	_____	_____
d.	**e.**	**f.**
Tipo: _____	Tipo: _____	Tipo: _____
_____	_____	_____

2. Marca con una X cada uno de los vértices del prisma rectangular.

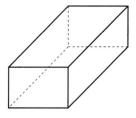

3. ¿Cuántas aristas tiene el tetraedro? _____ aristas

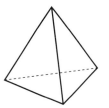

Practica

4. Encierra en un círculo los números que son múltiplos de 7.   132   7,000   63   560   834   91

5. Encierra en un círculo los números que son múltiplos de 12.   24   120   38   600   100   75

235

Adivinanzas geométricas

Resuelve las siguientes adivinanzas.

1. Soy un cuerpo geométrico.
Tengo dos superficies.
Una de mis superficies está
formada por un círculo.
La otra superficie es curva.

¿Qué soy? _____

2. Soy un cuerpo geométrico.
Tengo una base cuadrada.
Tengo cuatro caras triangulares.
Algunos faraones egipcios fueron
enterrados en tumbas que tenían mi forma.

¿Qué soy? _____

3. Soy un poliedro.
Soy un prisma.
Mis dos bases son hexágonos.
Mis otras caras son rectángulos.

¿Qué soy? _____

4. Soy un poliedro.
Todas mis caras son iguales.
Todas mis caras son triángulos equiláteros.
Tengo ocho caras.

¿Qué soy? _____

Inténtalo

5. Escribe tu propia adivinanza geométrica.

_____

_____

_____

_____

_____

_____

_____

Practica

6. $-\$20 + \$30 =$ _____

7. _____ $= -\$35 + (-\$35)$

8. _____ $= \$10 + (-\$25)$

9. $\$0 + (-\$100) =$ _____

10. $-\$15 + (-\$40) =$ _____

11. _____ $= -\$300 + (-\$100)$

Volumen

Recorta el patrón de abajo y pégalo para formar una caja abierta.

137 138

1. Halla y anota dos objetos de tu casa que tengan volúmenes aproximadamente iguales a $\frac{1}{2}$ del volumen de la caja abierta.

_____   _____

2. Halla y anota dos objetos de tu casa que tengan alrededor del mismo volumen que el de la caja abierta.

_____   _____

3. Halla y anota dos objetos de tu casa que tengan volúmenes iguales a alrededor de 2 veces el volumen de la caja abierta.

_____   _____

Practica

4. 96 ÷ 4 = _____

5. 86 / 5 = _____

6. $\frac{232}{8}$ = _____

7. 4)$\overline{358}$ = _____

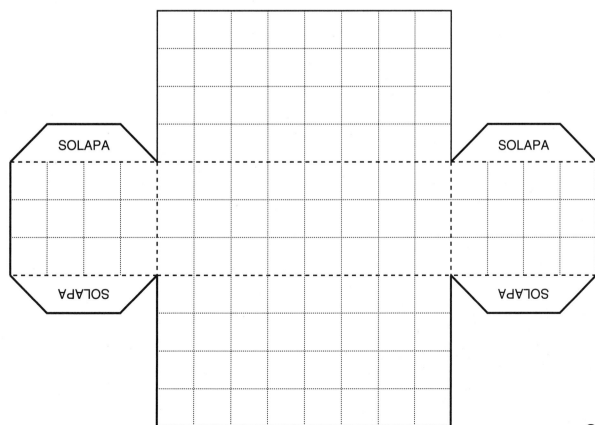

239

Volumen

1. Halla el volumen de cada montón de cubos de un centímetro.

a.

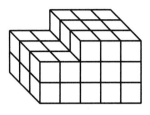

Volumen = _____ cm^3

b.

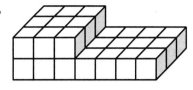

Volumen = _____ cm^3

2. Calcula el volumen de cada prisma rectangular.

a.

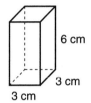

6 cm

3 cm

3 cm

Modelo numérico: _____

Volumen = _____ cm^3

b.

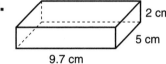

2 cm

5 cm

9.7 cm

Modelo numérico: _____

Volumen = _____ cm^3

3. ¿Cuántos cubos más se necesitan para terminar de llenar cada caja?

a.

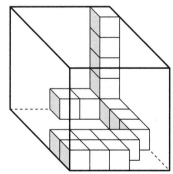

_____ cubos más

b.

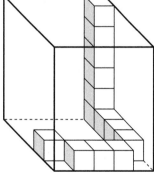

_____ cubos más

Practica

4. $-65 + 16 =$ _____

5. _____ $= -21 + (-19)$

6. _____ $= 84 + (-55)$

7. $-16 + 89 =$ _____

VÍNCULO CON EL ESTUDIO
11·6

Números positivos y negativos

Suma o resta.

1. $-40 + (-70) =$ _____

2. $12 - 20 =$ _____

3. _____ $= -14 - (-6)$

4. _____ $= 10 - (-5)$

5. $15 + (-1) =$ _____

6. $-12 - 7 =$ _____

7. _____ $= 60 + (-130)$

8. _____ $= -2 - (-20)$

9. Escribe dos problemas de resta que tengan -8 como respuesta.

_____ $-$ _____ $= -8$ _____ $-$ _____ $= -8$

10. Escribe dos problemas de suma que tengan -30 como respuesta.

_____ $+$ _____ $= -30$ _____ $+$ _____ $= -30$

Escribe $<$ ó $>$ para hacer una oración numérica verdadera.

11. $0 - 7$ _____ -6

12. -11 _____ $-13 - (-5)$

13. $7 + (-2)$ _____ -8

14. $18 + (-8)$ _____ -18

15. $26 - (-14)$ _____ $27 + (-16)$

16. $9 - (-11)$ _____ $0 + (-20)$

Escribe los números en orden de menor a mayor.

17. $\frac{30}{6}$, 8, -14, -0.7, 5.6, -2.5

_____ _____ _____ _____ _____ _____
menor   mayor

18. 0.02, $-\frac{3}{5}$, -7, 4, 0.46, $-\frac{24}{6}$

_____ _____ _____ _____ _____ _____
menor   mayor

Practica

19. _____ $= 34 * 78$

20. _____ $= 46 * 959$

21. $632 \div 4 =$ _____

22. $746 / 7 =$ _____

243

VÍNCULO CON EL ESTUDIO
11·7

Capacidad

Halla por lo menos un envase que contenga cada una de las cantidades indicadas.
Describe cada envase y anota todas las medidas de capacidad en la etiqueta.

1. Menos de 1 pinta

Envase	Medidas de capacidad en la etiqueta
botella de aceite de sésamo y chile picante	*5 oz líq, 148 mL*

2. 1 pinta

Envase	Medidas de capacidad en la etiqueta
botella de aceite de cocina	*16 oz líq, 473 mL*

3. 1 cuarto de galón

Envase	Medidas de capacidad en la etiqueta

4. Más de 1 cuarto de galón

Envase	Medidas de capacidad en la etiqueta

Completa.

5. 2 cuartos = _____ pintas

6. 3 galones = _____ tazas

7. _____ pintas = 4 tazas

8. _____ cuartos = 12 tazas

9. 6 pintas = _____ cuartos

10. _____ cuartos = $2\frac{1}{2}$ galones

Practica

11. $-3 + 7 =$ _____

12. _____ $= 3 + (-7)$

13. _____ $= 40 + (-80)$

14. $-60 + (-60) =$ _____

245

VÍNCULO CON EL ESTUDIO 11·8

Unidad 12: Carta a la familia

Tasas

Durante las siguientes dos o tres semanas, su hijo o hija estudiará tasas. Las tasas se encuentran entre las aplicaciones más comunes de las matemáticas en la vida cotidiana.

Una tasa es una comparación de datos que incluyen dos unidades diferentes. Algunos ejemplos conocidos se relacionan con trabajar (dólares por hora), manejar (millas por hora), comer (calorías por porción), leer (páginas por día), etcétera.

Nuestra exploración de las tasas comenzará con la recopilación de datos que harán los estudiantes sobre la tasa de parpadeo de sus compañeros. La clase tratará de responder la pregunta: "¿La velocidad de parpadeo de una persona depende de lo que esté haciendo?"

Durante esta unidad, los estudiantes reunirán varios ejemplos de tasas para exhibir en el Museo de tasas por todas partes. Luego, usarán estos ejemplos para crear problemas de tasas como los siguientes:

1. Si una caja de cereal cuesta $2.98, ¿cuánto cuestan 4 cajas?

2. Si un carro recorre alrededor de 20 millas por galón, ¿qué distancia puede viajar con un tanque lleno (16 galones)?

3. Si gano $6.25 por hora, ¿cuántas horas debo trabajar para ganar el dinero suficiente para comprar unos zapatos que cuestan $35?

Luego, la clase trabajará en grupo para desarrollar estrategias para resolver problemas de tasas.

La unidad se concentra en la importancia de las matemáticas para los consumidores informados. Su hijo o hija aprenderá sobre las etiquetas de precios de unidades en los supermercados y sobre cómo usarlas para decidir cuál de dos artículos es la mejor compra. Su hijo o hija verá que comparar precios es sólo *una parte* de ser un consumidor informado. Otros factores que se deben considerar son la calidad, la necesidad que se tenga de ese producto y, quizá, el efecto de ese producto en el medio ambiente.

Esta unidad presenta una gran oportunidad para que su hijo o hija ayude con las compras de la familia. Pídale que le ayude a decidir si el tamaño más grande es realmente la mejor compra. ¿Un artículo en oferta es siempre una mejor compra que un producto similar que no está en oferta?

Por último, los estudiantes recordarán sus experiencias durante el año en el proyecto del Tour mundial y la actividad de pruebas de 50 operaciones, y conversarán sobre ellas.

Por favor, guarde esta Carta a la familia como referencia mientras su hijo o hija trabaja en la Unidad 12.

Información nutricional		
Porción 45 g		
Porciones por paquete 10		
Cantidad por porción		
Calorías 150 Calorías de grasa 120		
		Valor diario %
Grasas totales 13 g		20%
Carbohidratos 1 g		<1%
Proteínas 7 g		

247

Vocabulario

Términos importantes de la Unidad 12:

compra comparativa Comparar precios y buscar otra información necesaria para decidir correctamente cuál es la mejor compra entre varios productos o servicios.

consumidor Una persona que adquiere productos o usa servicios.

por *En cada* o *para cada,* como en diez sillas por hilera o seis boletos por familia.

precio por unidad El precio *por* un artículo o unidad de medida. Por ejemplo, si un paquete de 5 onzas de algo cuesta $2.50, entonces $0.50 por onza es el precio por unidad.

tabla de tasas Una manera de mostrar información sobre *tasas,* como en la siguiente tabla de millas por galón.

Millas	35	70	105	140	175	210
Galones	1	2	3	4	5	6

tasa Una comparación por división de dos cantidades con distintas unidades. Por ejemplo, una velocidad de 55 millas por hora es una tasa que compara distancia con tiempo.

tasa por unidad Una *tasa* con 1 en el denominador. Por ejemplo, 600 calorías en 3 porciones, o $\frac{600 \text{ calorías}}{3 \text{ porciones}}$ no es una tasa por unidad, pero 200 calorías por porción $\left(\frac{200 \text{ calorías}}{1 \text{ porción}}\right)$ es una tasa por unidad.

248

Actividades para hacer en cualquier ocasión

Para trabajar con su hijo o hija sobre los conceptos aprendidos en esta unidad, hagan juntos estas interesantes y provechosas actividades:

1. Pida a su hijo o hija que examine las etiquetas de Información nutricional de varias latas y envases de comida. Las etiquetas dicen la cantidad de porciones que trae cada envase y el número de calorías por porción. Pídale que use esta información para calcular el número total de calorías que hay en todo un envase o paquete. *Por ejemplo:*

   Una lata de sopa contiene 2.5 porciones.
   Cada porción contiene 80 calorías.
   Por lo tanto, cada lata contiene 2.5 * 80 = 200 calorías.

2. Pida a su hijo o hija que identifique tasas en situaciones cotidianas. *Por ejemplo:*

   tasas de precios en la tienda: costo por docena, costo por paquete de 6, costo por onza
   alquileres: dólares por mes o dólares por año
   rendimiento de la gasolina: millas por galón
   salarios: dólares por hora
   horas de sueño: horas por noche
   tarifas telefónicas: centavos por minuto
   máquinas fotocopiadoras: copias por minuto

3. En el supermercado, comparen los precios de diferentes marcas de un mismo artículo y de diferentes tamaños de un mismo artículo. Pida a su hijo o hija que calcule los precios por unidad, y hablen sobre cuáles son las mejores compras.

Desarrollar destrezas por medio de juegos

En esta unidad, su hijo o hija jugará a los siguientes juegos. Para instrucciones más detalladas, vea el *Libro de consulta del estudiante.*

Juego de crédito y débito (Versión avanzada) Vea la página 239 del *Libro de consulta del estudiante.* Es un juego para 2 jugadores y simula la contabilidad de un pequeño negocio. Una baraja de tarjetas de números representa los "créditos" y los "débitos". Los jugadores anotan las transacciones en hojas de registro. El juego ofrece práctica en la suma y resta de números enteros positivos y negativos.

Supera la fracción Vea la página 247 del *Libro de consulta del estudiante.* Este juego es para 2 a 4 jugadores y requiere una baraja de 32 Tarjetas de fracciones. Este juego desarrolla la destreza de comparar fracciones.

Dale nombre a ese número Vea la página 254 del *Libro de consulta del estudiante.* Este juego es para 2 ó 3 jugadores y requiere una baraja completa de tarjetas de números. Desarrolla la destreza de representar números de diferentes maneras.

249

Unidad 12: Carta a la familia, *cont.*

Cuando ayude a su hijo o hija a hacer la tar

Cuando su hijo o hija traiga tareas a casa, lean juntos y clarifiquen las instrucciones cuando sea necesario. Las si respuestas le servirán de guía para usar los Vínculos con el estudio de esta unidad.

Vínculo con el estudio 12·1

2. $\frac{3}{5}$ **3.** $\frac{1}{8}$

4. 1 **5.** $\frac{5}{6}$

Vínculo con el estudio 12·2

1. $315

2. $12

3. 14 horas

4. a. 364 minutos por semana

   b. 156 minutos

5. 9,096 **6.** 54,810

7. 81 R4 **8.** 13

Vínculo con el estudio 12·3

1. 2,100 pies

2. a. 3,500 libras

   b. 420 galones

3. 25 pies por segundo

4. a. 375 galones

   b. 1,500 cuartos

5. a. 480 pies

   b. 754 minutos o $12\frac{1}{2}$ horas

6. 1,593 **7.** 55,080

8. 180 R4 **9.** 67

Vínculo con el estudio 12·4

1. 8 centavos

2. $0.69

3. $0.35

4. Las respuestas variarán.

5. 1, 12; 2, 6; 3, 4

6. 1, 50; 2, 25; 5, 10

Vínculo con el estudio 12·5

1. $0.63

2. $0.37

3. $0.15

4. $0.35

5. $1.02

6. Ejemplo de respuesta: La taza de 8 onzas es compra ya que cuesta 9 centavos por onza, que la taza de 6 onzas cuesta 10 centavos p

7. Las respuestas variarán.

8. 1, 2, 3, 6, 7, 14, 21, 42

9. 1, 23

Vínculo con el estudio 12·6

1. 1,245 millas

2. Alrededor de 9 veces

3. a. Alrededor del 69%

   b. Alrededor del 49%

4. $\frac{8}{54}$ ó $\frac{4}{27}$

5. a. China

   b. 6

   c. 9

   d. $9\frac{1}{2}$

VÍNCULO CON EL ESTUDIO
12·1

Ejemplos de tasas

1. Busca ejemplos de tasas en periódicos, revistas y etiquetas.

Estudia los dos ejemplos de abajo y, luego, haz una lista de algunos ejemplos que halles. Si es posible, trae tus ejemplos a clase.

Ejemplo: *La etiqueta en una lata de maíz dice "Porciones por paquete $3\frac{1}{2}$"*

Información nutricional
Porción 110 g
Porciones por paquete 3 1/2
Cantidad

Ejemplo: *Los focos se venden en paquetes de 4 focos. La caja no lo dice, pero siempre hay 4 focos en cada una.*

Ejemplo: _____

_____

_____

_____

Ejemplo: _____

_____

_____

_____

Ejemplo: _____

_____

_____

_____

Practica

2. $\frac{4}{5} - \frac{1}{5} =$ _____

3. _____ $= \frac{7}{8} - \frac{3}{4}$

4. _____ $= \frac{1}{9} + \frac{8}{9}$

5. $\frac{1}{3} + \frac{3}{6} =$ _____

251

VÍNCULO CON EL ESTUDIO
12·2

Tasas

Resuelve los problemas.

1. El Hotel R U cobra $45 la noche por una habitación individual.
   A esa tasa, ¿cuánto cuesta una habitación individual *por semana?* $_____

2. La familia Morales gasta alrededor de $84 por semana en comida.
   En promedio, ¿cuánto gastan *por día?* $_____

3. Sharon practica piano la misma cantidad de tiempo cada día.
   Practicó un total de 4 horas entre el lunes y martes. A esa tasa,
   ¿cuántas horas practicaría *en una semana?*   _____ horas

Horas							
Días	1	2	3	4	5	6	7

Inténtalo

4. La gente en Estados Unidos pasa un promedio de 6 horas
   y 4 minutos por semana leyendo periódicos.

   a. ¿Cuántos minutos *por semana* es eso?   _____ minutos por semana

   b. A esa tasa, ¿cuánto tiempo pasa leyendo periódicos
   una persona promedio en un *período de 3 días?*   _____ minutos

Minutos							
Días	1	2	3	4	5	6	7

Practica

5. _____ = 24 * 379

6. 870 * 63 = _____

7. 652 ÷ 8 = _____

8. 546 ÷ 42 = _____

VÍNCULO CON EL ESTUDIO
12·3

Tasas de los mamíferos

1. Un topo puede cavar un túnel de 300 pies de largo en una noche.
¿Cuánto podría cavar en una semana?   Alrededor de _____ pies

2. Un elefante puede comer 500 libras de heno y
tomar 60 galones de agua en un día.

   a. ¿Alrededor de cuántas libras de heno
   podría comer en una semana?   Alrededor de _____ libras

   b. ¿Alrededor de cuántos galones de agua
   podría tomar en una semana?   Alrededor de _____ galones

3. Las ballenas pico de botella se sumergen hasta una
profundidad de 3,000 pies en 2 minutos; ¿esto equivale
a alrededor de cuántos pies por segundo?   Alrededor de _____ pies por segundo.

4. Una buena vaca lechera da hasta 1,500 galones de leche en un año.

   a. ¿Alrededor de cuántos galones da en 3 meses?   Alrededor de _____ galones

   b. ¿Alrededor de cuántos *cuartos* da en 3 meses?   Alrededor de _____ galones

---

Inténtalo

5. Los perezosos pasan hasta un 80 por ciento de sus vidas durmiendo. No sólo son muy dormilones,
sino que también son muy lentos. Por tierra, tienen sólo una velocidad de 7 pies por minuto; en
los árboles, su velocidad es de alrededor de 15 pies por minuto.

   a. Después de una hora, ¿cuánto más habrá recorrido
   un perezoso en los árboles que en la tierra
   (si no se detuvo a dormir)?   Alrededor de _____ pies

   b. ¿Alrededor de cuánto tiempo le tomaría a un
   perezoso recorrer una milla por tierra?
   (*Pista*: hay 5,280 pies en una milla.)   Alrededor de _____ minutos

   o _____ horas

Practica

6. 59 * 27 = _____

7. _____ = 648 * 85

8. 904 ÷ 5 = _____

9. _____ = 536 / 8

255

VÍNCULO CON EL ESTUDIO
12·4

Precios por unidad

Resuelve los siguientes problemas de precios por unidad.
Si te sirve de ayuda, completa las tablas.

1. Una bolsa de 12 oz de *pretzels* cuesta
96 centavos. El precio por unidad es _____ por onza.

Dólares				0.96
Onzas	1	3	9	12

2. Un paquete de 3 rollos de toallas de papel
cuesta $2.07. El precio por unidad es _____ por rollo.

Dólares			2.07
Rollos	1	2	3

3. Una botella de agua de 4 litros cuesta $1.40. El precio por unidad es _____ por litro.

Dólares				1.40
Litros	1	2	3	4

4. Elige 4 artículos de avisos del diario. En la siguiente tabla, anota el nombre, el precio
y la cantidad de cada artículo. Deja en blanco la columna del precio por unidad.

Artículo	Cantidad	Precio	Precio por unidad
Pasas Golden Sun	24 onzas	$2.99	

Practica

Nombra los pares de factores de cada número.

5. 12 _____

6. 50 _____

Poner precios por unidad

1. Un paquete de 3 panecillos cuesta $1.89.
   ¿Cuál es el precio *por panecillo?* _____

2. Una bolsa de arroz de 5 libras cuesta $1.85.
   ¿Cuál es el precio *por libra?* _____

3. Los caramelos de goma cuestan $2.40 por libra.
   ¿Cuál es el precio *por onza?* _____

4. Un paquete de 6 *bagels* cuesta $2.11.
   ¿Cuál es el precio *por bagel?* _____

5. Una bolsa de 2 libras de maíz congelado cuesta $2.03.
   ¿Cuál es el precio *por libra?* _____

6. Una tienda vende yogur en dos tamaños: el de 8 onzas cuesta 72 centavos y el
   de 6 onzas cuesta 60 centavos. ¿Cuál es la mejor compra? Explica tu respuesta.

   _____

   _____

   _____

   _____

7. Crea tu propio problema de "mejor compra". Luego, resuélvelo.

   _____

   _____

   _____

   _____

   _____

Practica

Nombra todos los factores.

8. 42 _____

9. 23 _____

Nombre _____ Fecha _____ Hora _____

Estadísticas de países

1. China tiene la frontera más larga del mundo, 13,759 millas. Rusia
tiene la segunda frontera más larga del mundo, 12,514 millas.
¿Cuánto más corta es la frontera de Rusia que la de China?   _____ millas

2. El área de Rusia es de alrededor de 1,818,629 millas cuadradas. El área de España,
incluidas sus islas, es de alrededor de 194,897 millas cuadradas.
¿Alrededor de cuántas veces más grande que España es Rusia?   _____ veces más grande

3. Los estudiantes de China van a clase alrededor de 251
días al año. Los estudiantes de EE.UU. van a clase
alrededor de 180 días al año.

    a. ¿Alrededor de qué porcentaje del año pasan los
    estudiantes chinos en clase?   _____%

    b. ¿Alrededor de qué porcentaje del año pasan los
    estudiantes de Estados Unidos en clase?   _____%

4. El inglés es el idioma oficial de 54 países. El portugués es el
idioma oficial de 8 países. ¿Qué fracción del número de países
que hablan inglés son los países que hablan portugués?   _____

5. La tabla que está a la derecha
muestra los países del mundo
que tienen más países vecinos.

País	Número de vecinos
Brasil	10
China	15
Rep. Dem. del Congo	9
Alemania	9
Rusia	14
Sudán	9

Usa los datos de la tabla para contestar las siguientes preguntas.

    a. ¿Qué país tiene el mayor número de vecinos? _____

    b. ¿Cuál es el rango?   _____

    c. ¿Cuál es la moda?   _____

    d. ¿Cuál es la mediana? _____

Carta a la familia

¡Felicidades!

Al completar *Matemáticas diarias de cuarto grado,* su hijo o hija ha logrado una meta importante. ¡Muchas gracias por su apoyo!

Puede usar esta Carta a la familia con su hijo o hija durante las vacaciones. La carta incluye una amplia lista de Actividades para hacer en cualquier ocasión, instrucciones para juegos que pueden jugar en casa, una lista de libros relacionados con las matemáticas para leer durante las vacaciones y un anticipo de lo que su hijo o hija aprenderá en *Matemáticas diarias de quinto grado.* ¡Que disfruten de sus vacaciones!

Actividades para hacer en cualquier ocasión

Las matemáticas tienen más sentido cuando se presentan en situaciones de la vida real. Para ayudar a su hijo o hija a repasar muchos de los conceptos que ha aprendido en cuarto grado, les sugerimos hacer las siguientes actividades durante las vacaciones, las cuales ayudarán a su hijo o hija a continuar desarrollando las destrezas aprendidas este año y a prepararse para *Matemáticas diarias de quinto grado.*

1. Pida a su hijo o hija que practique las operaciones de multiplicación y división que todavía no domina. Incluya algunos ejercicios rápidos.

2. Déle artículos para medir. Pídale que use referencias personales, como también herramientas para medir en las unidades tradicionales de Estados Unidos y en el sistema métrico.

3. Busquen en periódicos y revistas números, gráficas y tablas para leer y hablar sobre ellos.

4. Pida a su hijo o hija que practique la multiplicación y división de números de varios dígitos usando los algoritmos con los que se sienta más cómodo(a).

5. Pida a su hijo o hija que busque anuncios y halle los precios de oferta de diferentes artículos usando los precios normales y la tasa de descuento; o las tasas de descuento, usando los precios normales y los precios de oferta. Pídale que use una calculadora y calcule precios por unidad para determinar la mejor compra.

6. Continúen el Tour mundial leyendo sobre otros países.

VÍNCULO CON EL ESTUDIO
12·7

Carta a la familia, *cont.*

Desarrollar destrezas por medio de juegos

La siguiente sección ofrece reglas de juegos que pueden jugar en casa. Necesitarán una baraja de tarjetas de números, que se pueden hacer con tarjetas en blanco o modificando una baraja normal de la siguiente manera:

Una baraja tradicional tiene 54 cartas (52 cartas normales, más dos comodines).

Usen un marcador permanente para poner marcas en algunas de las cartas:

◆ Marque cada uno de los cuatro ases con el número 1.

◆ Marque cada una de las cuatro reinas con el número 0.

◆ Marque las cuatro sotas y los cuatro reyes con los números del 11 al 18.

◆ Marque los dos comodines con los números 19 y 20.

Gánale a la calculadora

Materiales   Tarjetas de números del 1 al 10 (4 de cada una); calculadora

Jugadores   3

Instrucciones

1. Un jugador es el "Árbitro", otro es el "Calculador", y el tercero es el "Cerebro".

2. Barajen las tarjetas y pónganlas boca abajo.

3. El Árbitro saca dos tarjetas de la baraja de números y pregunta cuál es su producto.

4. El Calculador resuelve el problema con la calculadora. El Cerebro lo resuelve sin calculadora. El Árbitro decide quién contestó primero.

5. El Árbitro continúa sacando dos tarjetas por vez y pregunta cuáles son sus productos.

6. Los jugadores intercambian los roles cada más o menos 10 turnos.

Ejemplo: El Árbitro saca un 10 y un 7 y dice "10 por 7".
El Cerebro y el Calculador resuelven el problema.

El Árbitro decide quién contestó primero.

Variación 1: Para practicar operaciones de multiplicación extendidas, el Árbitro debe sacar dos tarjetas de la baraja de números y añadir un 0 a cualquiera de los factores o a ambos antes de preguntar cuál es el producto.

Ejemplo: Si el Árbitro da vuelta un 4 y un 6, él o ella
puede crear cualquiera de los siguientes problemas:

4 * 60   40 * 6   40 * 60

Variación 2: Usen una baraja de números completa: 4 de cada uno de los números 1 a 10, y 1 de cada uno de los números 11 a 20.

Carta a la familia, *cont.*

Desarrollar destrezas por medio de juegos

Dale nombre a ese número

Materiales   1 baraja completa de tarjetas de números

Jugadores   2 ó 3

Objetivo del juego Reunir la mayor cantidad de tarjetas

Instrucciones

1. Barajen las tarjetas y repartan cinco tarjetas a cada jugador. Coloquen las tarjetas restantes con el lado del número hacia abajo. Den vuelta la tarjeta de arriba y colóquenla al lado de la baraja. Ése será el **número objetivo** de la ronda.

2. Los jugadores tratan de formar el número objetivo sumando, restando, multiplicando o dividiendo los números y usando el mayor número de sus tarjetas que puedan. Cada tarjeta sólo se puede usar una vez.

3. Los jugadores escriben sus soluciones en una hoja de papel o en una pizarra. Cuando los jugadores hayan escrito sus mejores soluciones:

◆ Colocan a un lado las tarjetas que usaron para dar nombre al número objetivo.

◆ Reemplazan esas tarjetas sacando nuevas cartas de la parte de arriba de la baraja.

◆ Ponen el viejo número objetivo en la parte de abajo de la baraja.

◆ Dan vuelta un nuevo número objetivo y juegan otra mano.

4. El juego continúa hasta que no haya tarjetas suficientes para reemplazar todas las de los jugadores. El jugador que haya separado más tarjetas gana el juego.

Ejemplo: Número objetivo: 16   Las tarjetas de un jugador: 7 5 8 2 10

Algunas soluciones posibles:

$10 + 8 - 2 = 16$ *(usando tres tarjetas)*

$7 * 2 + 10 - 8 = 16$ *(usando cuatro tarjetas)*

$8 / 2 + 10 + 7 - 5 = 16$ *(usando las cinco tarjetas)*

El jugador pone a un lado las tarjetas que se usaron para llegar a una solución y saca el mismo número de tarjetas de la parte de arriba de la baraja.

Lectura para las vacaciones con un giro matemático

Los libros pueden contribuir al aprendizaje de su hijo o hija al presentar las matemáticas en una combinación de contextos del mundo real y del mundo imaginario. Los títulos que aparecen abajo han sido recomendados por maestros que usan *Matemáticas diarias* en sus salones de clases. Están organizados por temas matemáticos. Vaya a su biblioteca local y busque con su hijo o hija estos libros en inglés relacionados con las matemáticas.

Geometría

A Cloak for the Dreamer de
   Aileen Friedman

The Greedy Triangle de Marilyn Burns

Medidas

The Magic School Bus Inside the Earth
   de Joanna Cole

The Hundred Penny Box de Sharon
   Bell Mathis

Numeración

*Alexander, Who Used to be Rich Last
   Sunday* de Judith Viorst

If You Made a Million de David M. Schwartz

Fraction Action de Loreen Leedy

How Much Is a Million? de David M. Schwartz

Operaciones

Anno's Mysterious Multiplying Jar
   de Masaichiro Anno

The King's Chessboard de David Birch

One Hundred Hungry Ants de Elinor J. Pinczes

A Remainder of One de Elinor J. Pinczes

Patrones, funciones y secuencias

Eight Hands Round de Ann Whitford Paul

Visual Magic de David Thomas

Marcos de referencia

*The Magic School Bus: Inside the Human
   Body* de Joanna Cole

Pigs on a Blanket de Amy Axelrod

Más adelante: Matemáticas diarias de quinto grado

El próximo año su hijo o hija . . .

◆ Desarrollará destrezas con decimales y porcentajes

◆ Continuará practicando destrezas de multiplicación y división, operaciones con decimales inclusive

◆ Investigará métodos para resolver problemas usando matemáticas en situaciones cotidianas

◆ Trabajará con rectas numéricas, horas, fechas y tasas

◆ Reunirá, organizará, describirá e interpretará datos numéricos

◆ Seguirá explorando las propiedades, relaciones y medidas de objetos bidimensionales y tridimensionales

◆ Leerá, escribirá y usará números enteros, fracciones, decimales, porcentajes, números negativos y notación ex

◆ Explorará la notación científica

**Nuevamente, gracias por todo su apoyo este año. ¡Diviértase
continuando las experiencias matemáticas durante las vacaciones!**